你的梦想
值得
你拼尽全力

不放弃

〔韩〕任宰成 著
杭宇 译

江苏人民出版社　凤凰含章

图书在版编目（CIP）数据

不放弃 /（韩）任宰成著；杭宇译. -- 南京：江苏人民出版社，2015.11
ISBN 978-7-214-16262-5

Ⅰ.①不… Ⅱ.①任… ②杭… Ⅲ.①成功心理—青年读物 Ⅳ.①B848.4-49

中国版本图书馆 CIP 数据核字（2015）第 213363 号

Original Korean language edition was first published in January of 2013
under the title of
스무살, 버리지 말아야 할것들
(Twenty Years Old, Things That Do Not Abandon)
By Kyunghyang Media
All rights reserved.
Simplified Chinese Translation Copyright ©2015 Phoenix-HanZhang Publishing and Media (Tianjin) Co.,Ltd.
This edition is arranged with Kyunghyang Media. through Pauline Kim Agency, Seoul, Korea.
No part of this publication may be reproduced, stored in a retrieval system or transmitted in any form or by any means, mechanical, photocopying, recording, or otherwise without a prior written permission of the Proprietor or Copyright holder.

江苏省版权局著作权合同登记号 图字：10-2015-233 号

书　　　名	不放弃
著　　　者	（韩）任宰成
译　　　者	杭　宇
责 任 编 辑	刘　焱
特 约 编 辑	石　雯　吴　迪
装 帧 设 计	凤凰含章
出 版 发 行	凤凰出版传媒股份有限公司 江苏人民出版社
出版社地址	南京市湖南路 1 号 A 楼，邮编：210009
出版社网址	http://www.jspph.com http://jspph.taobao.com
经　　　销	凤凰出版传媒股份有限公司
印　　　刷	北京旭丰源印刷技术有限公司
开　　　本	880 mm × 1230 mm　1/32
印　　　张	8
字　　　数	170 千字
版　　　次	2015 年 11 月第 1 版　2015 年 11 月第 1 次印刷
标 准 书 号	ISBN 978-7-214-16262-5
定　　　价	32.00 元

（江苏人民出版社图书凡印装错误可向承印厂调换）

CONTENTS 目录

001　前言

Vision
与十年后的自己对话

003　想象梦想实现后的样子
010　决定我们未来的到底是什么?
017　如何树立正确的价值观?
024　丁零丁零,请设计你的未来

Belief
坚定不移地走下去

035　只有坚信才能成功
041　坚如磐石的信念
047　你好!信念!
051　坚定信念的第一步,请转变思维体系

Passion
让心火燃烧

059　热情是成功的基石
065　陀思妥耶夫斯基、Rain、张永宙以及"非洲圣人"阿尔贝特·施韦泽的共同点是什么?
071　让世界为之疯狂的"乱打"艺术的秘密
077　梦想成真,2002年足球神话的秘密

不放弃

Patience
我在慢慢地强大着

085　毕加索、弗洛伊德、爱因斯坦以及斯特拉文斯基的共同点是什么？
091　如果当初不放弃……
097　每当失败，你的意志是否动摇了？
102　我人生的巅峰尚未到来

Positive
不是危机，而是机会

109　按照所思所言去做
115　不良少年，成了世上最优秀的医生
121　画出理想中的自己
127　奥普拉·温弗瑞成为脱口秀女王的秘诀

Honesty
正直，是人生成功的向导

133　如果你想成功，首先请做一个正直的人
139　凡事应做到无愧于心
146　请培养敢于正直的勇气
152　只有正直，才使人信赖

Self-control
是选择主动自我管理，还是选择受控他人？

161　节制，是实现自我管理的前提
167　请管理踌躇彷徨的心
172　培养辨别力，让自己做到节制
178　请制作节制的清单

Gratitude
让自己心动，让自己幸福

- 189 感恩，成就幸福
- 196 拒绝负面情绪的影响
- 201 消除攀比、欲望和抱怨的心
- 207 无论如何，都请保持感恩的心

Compassion
坚定自己的存在

- 215 爱，是让人改变的唯一方法
- 223 关怀，是让所有人都幸福的沟通方法
- 229 谦逊，是一种放低姿态的幸福
- 236 因分享而收获的喜悦，让人上瘾

- 243 后记
- 245 附录
- 248 注释

FORWORD 前言

致徘徊不定的二十青春纪

很多人都憧憬成功且幸福的人生，他们大都仰望那些功成名就的人，在那些人的成功故事里寻找共鸣，并学习那些让人达到成功的要素。他们坚信这样的学习，能够帮助自己在未来取得成功。但是，没过多久，他们便发现，自己曾经拥有的满腔热情和感动，随着时间的流逝，渐渐淡化褪去。取而代之的，是残酷的现实以及现实带来的满心失望。这时的他们，几乎忘记了自己曾经拥有过梦想——关于希望的梦想。他们开始不自觉地以悲观的视角审视人生，慢慢地，有些人便失去了希望，不再追寻自己的梦想和未来，也不再有梦想来充实自己的现实生活。如果我们探究缘由，则会发现，大部分人都无法具备成功所需的均衡要素。

其实，我们的心就是一片沃土，你播下怎样的种子，就会结出怎样的果实。所谓"种瓜得瓜，种豆得豆"，我们在内心种下不同的关于成功的信念，自然也会得到各不相同的成功果实。想要收获丰盈诱人的果实，种子是至关重要的。否则，即便我们有再肥沃的一片土地，即便土厚肥满，拥有最优越的栽培环境，若没有一颗好的种子，那么播种也无非是一场浪费。只有种下好的种子，才能结出丰硕的果实。

然而，时下很多人，都不愿意开始播种，就期待着能够结出丰硕的果实。更有一些人，心里很清楚自己种下的是什么种子，却妄想那平凡的种子能结出黄金般的果实。还有一种人，把别人种下的种子，据为己有。甚至有时候，他们连自己想要什么样的种子也不清楚。其实，无论是面对眼前的一份需要耕耘的工作，还是面对在黑暗现实里播下的种子，要想取得丰硕的成果，都需要时间的付出。而这等待的过程，需要极好的耐性，很多人都不具备这些条件。

当下我们拥有怎样的种子，决定着我们拥有怎样的未来。所以，我们要重新审视自己在内心究竟播下了怎样的种子。更重要的，我们需要在内心均衡地播下种子。因为我们若希望自己的生命能够圆满，那我们就需要摄取均衡的营养成分。我们若希望自己的人生能够收获丰富多彩的果实，那我们就需要播种多种多样的种子。

在这本书里，我希望告诉大家，那些在大好青春里不应该放弃的事情。希望此书可以给你满满的正能量，让你在青春期不再踌躇迷惘。

2013 年 任宰成

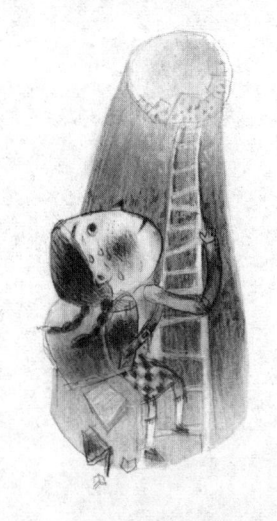

不 放 弃

Vision
与十年后的自己对话

Vision
愿景——指人们用自己规划人生目标的能力，在内心生动地勾勒的关于未来的场景。

对于双眼紧闭的人而言,他手的所及之处,便是他的整个世界。
对于无知的人而言,他有限的所知,便是他的整个世界。
对于伟大的人而言,他的愿景所到之处,便是他的整个世界。

——Paul Harvey

Vision
与十年后的自己对话

想象梦想实现后的样子

有愿景的人 VS 没有愿景的人

愿景（Vision），指人们用自己规划人生目标的能力，在内心生动地勾勒的关于未来的场景。比如对于发明飞机的莱特兄弟而言，他们的内心，就曾鲜活地勾勒了冲上云霄的飞机的形象。在他们的心里，早就有了飞机的模样。他们似乎已经清楚地看着自己制造的飞机，徐徐地飞上天空。也正因为如此，他们才有了制造飞机的想法。如果不是因为他们的梦想，大概也就没有关于飞机的任何设计了。

《格列佛游记》的作者乔纳森·斯威夫特（Jonathan Swift）曾经说道："那些看不到愿景的人，是因为看的方式有问题。"愿景，虽然并不是眼前可见的事实，却是可以在心里清楚地勾画出来的未来场景。所以，当我们看到对未来充满想望的人，常常会说这人有愿景。有着

不放弃

未来愿景的人，能够清楚地看到自己未来的方向，并为了实现愿景，制订具体的实践计划。而为了实践自己的计划，他们会在现实生活中踏实地度过每一天。反之，没有未来愿景的人，则不能拥有一个具有未来指向的人生。他们不清楚今后要去向何方，只能依照目前的眼界、目前的心境、目前的思维以及目前的情感来驾驭自己人生的马车。因为在他们眼里，只能看到眼皮底下的所见范围，所以人生没什么希望。

很多人常常将"梦想"与"愿景"混为一谈。梦想，是指"想要做什么，想要成为什么"之类具有美好愿望的期盼。而愿景则是"一定要做到什么，一定要成为什么"，是有具体期限的、关联未来的蓝图。并且，愿景，一定会有与之相应的行动。没有具体的执行计划的梦想，只能说是飘忽不定的一阵风。也就是说如果没有为了梦想制订计划，不努力实现目标，那么我们所谓的梦想，只不过是空虚的幻想罢了。这样的梦想，一旦遭遇困境，便会像轻风一样，消逝得无影无踪。

若想将梦想转化为愿景，则必须制订计划，还要为了完成计划付出具体的实践行动。梦想只是对具有一定可能性的未来的期待。而愿景，则需要对自己的梦想的完成状况进行整理。有愿景的人，对于自己现在所要追求的目标心中有数，并且会脚踏实地地为之努力。因此，他们对于自己未来前往的方向是很明确的。必然,他们勾勒得清清楚楚的蓝图,也是可以实现的。

你现在在做什么?

有一个行人在路过桥边的时候,看见正在烧制砖头的三个人。于是他停下前行的脚步,转向那三人走了过去。

"你们现在在做什么呢?"他问道。

第一个人回答说:"哎呀,你什么眼神啊?没看见我正在烧砖吗?"

行人将目光投向了第二个人,第二个人则回答道:

"为了挣钱养家,我现在正在烧砖头呢。养家糊口不容易,只好做这个了。"

接下来,第三个人则用非常平淡的语气,说出了自己烧砖的原因:

"我想,这些砖头虽然看起来不起眼,但是一定会派上大用场吧。为了建造那远方将要拔地而起的大教堂,我在这里一块一块地烧着砖。"

第一个人,是漫无目的地烧砖。第二个人,是为了养家糊口在烧砖。这两人都是为了实现眼前的目的而烧砖的。而第三个人,他在烧砖的时候,脑海里浮现的,则是很多人聚集在大教堂里做礼拜的场景。虽然我们对于他们各自的状况和能力并不清楚,但是通过他们做事的样子却是可以想象到的。我们可以了解到,他们是怀着怎样的心情及态度来做事,以及在做事的过程中谁更快乐,谁更幸福。通过这些,我们便可以或多或少地洞见他们的未来。

曾经有人这样问海伦·凯勒:"你觉得失明的人更可怜,还是失聪的人更可怜?"那些人这样问的目的,是想了解对于又聋又哑又盲的她而言,什么才是最困难的。然而,她的回答却震惊了旁人。她毫不犹豫地回答道:"拥有健康的视力,却没有愿景的人,才是最可怜的。"

海伦·凯勒无法用肉眼看见这个世界,但是她的心却是通透的,她对自己的未来有着清晰的目标。因为她的内心能够照见未来,所以无所顾虑。尽管她失去了视力和听力,但这些对她来说不算什么问题。于她而言,对未来的期待,便是支撑自己克服现实困难的最大力量。因此,她才会说那些拥有明亮双眼却没有清晰愿景的人,才是最可怜的。

美好的愿景就如人生的地图

愿景如同我们人生的地图,使我们越过现实的处境,引导我们朝更好的方向前行。因此,周围的环境,不再是挡住我们人生脚步的绊脚石。当我们在心中勾画出清晰的蓝图,人生便会生出活力。一个愿景,又会不断地催生出新的愿景的种子。就如同越过院墙的茂密枝叶，会为了结出更多的果实而更加努力地伸展，奋力向上。如是这般，美好的愿景，可以引导我们，去创造更具有扩张力和影响力的人生。

韩国花样滑冰女王——金妍儿，在读初中一年级的时候，便立志要进入国家队并取得金牌。当时的韩国冰坛，尚属于一块比较荒芜的不毛之地，而且能够用于训练的设施也非常有限。但她并没有放弃，一心想着奥运会的金牌，反复地训练。她单薄的身子，在寒冷的冰面上不断地旋转。数千次的跳跃，伴随而来的是无数次的跌倒。这样的场面，对她而言，如同家常便饭一般寻常。然而，即便摔得全身淤青，即便对于艰苦的训练难以坚持，她心中那对于未来的愿景支撑着她，使她咬牙挺过了艰难的训练期。终于，在2010年温哥华冬奥会的花样滑冰项目中，她创造了新的世界纪录，成功夺得了金牌。尽管经历过艰苦奋斗的漫漫长夜，但因为她始终怀揣奥运会金牌的目标，使得她最终通过自己的努力，让梦想照进了现实。

然而，她的目标，不仅仅是取得奥运会的金牌那么简单，而是去创造更为广阔和更具意义的人生愿景。其目标之一，便是作为韩国申奥陈述人，为韩国江原道平昌郡申办2018年冬奥会。韩国在冬奥会运动项目领域并无见长，但是在申奥陈述时，她沉着大气地阐述了平昌郡申办冬奥会的原因及特点，并最终打动了奥委会，使韩国申办冬奥会获得成功。很多国际奥委会委员都说，最终选择平昌郡作为2018年冬奥会举办地的原因之一，也是因为她的申奥陈述。是她出色的陈述，打动了国际奥委会委员们的心。

全球知名的畅销书作家——肯尼斯·布兰查德（Kenneth Blanchard），在其作品《用愿景激活内心》中写道："愿景，便是你知道你是谁，要去向何方，以及清楚是什么在引导着你的人生旅程。"有着未来愿景的人，就是知道自己想要什么，并知道自己人生最终目标的人。

只要知道了要到达的目的地，就能够找到通向它的具体路线。因此，有未来愿景的人，是不会安于现状的。就算现实处境艰难，但只要想着未来的目标，他们就一定会带着希望前行，诚实地忠于自己的理想而努力生活。正是因为心中有着清晰的未来目标，他们内心渴望成功的动力才被不断地激发，才能释放自己最强的实力，以最努力的姿态去生活。

有着未来愿景的人不会将人生的目标极端地定为"要成为什么"。他们的目标是"成为什么，并以什么样的姿态生活"。拥有并不是最终的目标，而是让自己拥有的物质及能力，在这个世界发挥最大的作用。这才是他们最为关注的。

尝试回答以下问题：
★ 我在这世上存在的目的是什么？
★ 我现在竭尽全力所做的一切，其正面的理由是什么？
★ 对于眼前所面对的现实，如何应对？
★ 具体思考过的我的未来是什么样子吗？

★ 是否能够想象出自己5年后、10年后，甚至20年后的样子？

如果对于以上五个问题无法做出清晰的回答，则说明你的未来愿景并不明确。那么，想要拥有一个清晰的未来愿景，我们应该如何去做呢？我想，我们首先应该审视下，此刻的我们在以什么样的方式生活着。

决定我们未来的到底是什么？

是愿景还是野心？

当愿景被曲解后，很容易就变质为野心。野心，看起来和愿景并无二致，都是不安于现状，喜欢向着新的目标前进。但是，究其实质，两者却相去甚远。如果说愿景是正面肯定的一种意义，那么野心便是负面否定的一种存在。如果说愿景是以一种新的影响力为基础，而形成的正面能量，那么野心则是欲望的产物。野心经过膨胀，就会形成贪欲。而贪欲，是无法和团队合作，共同取得成功的。贪欲只会想着吃独食，自己吃好睡好即可，是会让人痛苦的念想。所以，心藏野心的人，是难以获得幸福的。

那么，如果不希望愿景变成贪欲的话，我们应该怎么做呢？首先我们要审视价值。以正确的价值观为导向的愿景，才是有意义的。关于"价值"这个词的概念，词典上是这样定义的：某种事物、现象、行为等，对人类而言具有正面价值且是可取的。同时，也指我们按照个人喜好来决定和判断一种事物的时候，使我们摆脱环境干扰的一种标准。更广一层的定义，则是我们在这个世界上，所认为正确的行为准则，以及内心世界的支柱，是让我们得以坚实地立足于这个世界的根本力量。著名的文学评论家约瑟夫·伍德·克鲁奇（Joseph Wood Krutch）是这样评价价值的重要性的："每当产生一种新的价值，我们的存在，便又具备了新的意义。而一种价值的消亡，则意味着我们存在的意义的一部分坍塌。"

只要为我们的人生设定正确的方向，那么无论遇到任何难事，陷入何种困境，我们都会产生战胜困难的力量。这种人生方向的设定，首先是清楚我们正在走着的人生之路，明白在我们的人生中最为重要的东西是什么。对于能够设定自我人生方向的人，我们称之为有智慧的人。因此，对于那些想要设计自己人生的人，我想要强调和呼吁的是："请一定先成为一个有智慧的人。"

"这里所说的智慧，是指自己能够分清'什么是好的''什么是重要的'以及'什么是首先应该做的'，并且知道如何去做准备，如何去计划，以及如何去实践它的能力。"

有智慧的人，知道什么是好的，什么是重要的，以及什么是自己首先应该做的事。并且，他们会为了实现这些，去做出计划并且努力实践。这个世界上，很多人都知道怎样的选择是好的选择，也清楚什么是重要的东西。但是，能够分清楚首先该做什么的人却并不多。而且，为了完成这些事情，真正做出准备和计划的人更是少之又少。

这是因为自律能力不足造成的。因为大部分年轻人，从小到大都不能主导自己的生活。比起那些去挑战打动自己内心的生活的人，他们更多的是在照着社会要求的路线去生活，所以他们无法根据自身的价值去做出正确的选择。不懂自身价值，就无法做出智慧的选择。因此，在为我们的未来愿景播种之前，我们首先应该审视自己的人生价值。

目的价值和手段价值

价值，分为"目的价值"和"手段价值"。目的价值，就如平等、社会正义、平和这些概念一样，它的本身就是一种最终目的。手段价值，则指为了追求刚才所说的那些结果，而使用的手段和工具的价值，比如权力、地位、财富等。手段价值是为了达到目的而使用的一种手段，其本身并不是目的。但是，有很多人，毕生都在以追求财富和名利为目的而活着，并且为了得到这些，日复一日地挥汗如雨。

他们在追求财富和名利的过程中，甘受所有的牺牲和付出，但是真正得到了所谓的财富和名利之后，伴随而来却是人生的虚无感。他们追求的，正是"手段价值"。即便得到了想要的，人们还是会反复诘问自己的内心："我真正想要追求的人生，难道就仅仅如此吗？"这就是浑浑噩噩，没有人生目标的必然结果。可见，手段价值，不过是我们追逐人生目标必经的过程而已。反之，清楚人生的目的价值，并为了实现这样的目的价值而努力奋斗的人生是饱满而丰饶的。因为人生的目的价值有着珍贵的意义，所以追求目的价值的过程本身也能给我们带来非凡的意义。因此，我们为怎样的目的而活，以及我们以什么为手段而活，都会让我们的人生本身产生不同的结果。

美国钢铁大王安德鲁·卡内基（Andrew Carnegie），在经营钢铁公司的过程中积累了巨额的财富。关于财富，他说过以下重要的话，我们能够从中窥见他对财富的看法：

"人的一生分为两个阶段，前半生积累财富，后半生则是要用前半生获取的财富，投资到社会福利中，回馈社会。"

他在卡内基工业大学（卡内基梅隆大学的前身）设立之初，投资超过了三亿美元。而他回馈到社会的财富足足有五亿美元。20世纪初期的五亿美元，折算为当今时代的货币的话，那就是一个天文数字。而卡内基做出这些决定的原因，就是他并没有将财富本身作为人生目标，而是将财富作为支持教育和社会发展的手段。"一个有钱人，如果到死的时候还是有钱人，那并不是一件光彩的事。"这句话，作为他的名言，向我们揭示了他的人生真谛。

三流大学成了诺贝尔奖的王国

芝加哥大学有着"诺贝尔奖王国"的美名。然而，曾经位列三流大学的芝加哥大学，能够跻身世界名牌大学之列，是因为罗伯特·哈钦斯（Robert Hutchins）的巨大影响。他从1929年开始，连续五任，执掌芝加哥大学。为了将这所一直徘徊在三流的大学打造成一代名校，他绞尽脑汁，最终想出了解决方案。那就是被称为"芝加哥计划"（Chicago Plan）的教育政策：以阅读古典哲学著作开始，掀起了阅读"世界上伟大的古典书籍100卷"的读书浪潮。在这个政策中，他将以下三点视为重中之重：

第一，找到你的榜样。

第二，找到能成为你永恒不变的人生动力的价值。

第三，对你所确立的价值，怀有梦想和愿景。

学生们只有通过阅读经典，才能找到足以成为自己不变的人生动力的价值。并且以此价值作为导向，对自己的人生做出关于未来的规划，他们才能毕业。这样的举措，使得越来越多的学生心怀抱负，并使他们为了理想而努力奋斗。于是，芝加哥大学也不再是当初的三流大学了。截至 2000 年，芝加哥大学的毕业生中，获得诺贝尔奖的人数已达到了 73 人之多，俨然已经成为世界超一流的大学。他们曾经怀负着的价值，都是对他们有益的价值。可见，怀负怎样的价值，怎样为之实践，不仅仅可以改变一个人的命运，甚至可以改变一所大学的命运。

美国的国父以及《独立宣言》的起草者——本杰明·富兰克林（Benjamin Franklin），为了实现完美的人格，奋斗了终生。在《富兰克林自传》中他说道："要想成为一个完美且仁厚的人，仅仅在心中有信念是不可能实现的。"因为培养一个好习惯时，总有松懈的时候。而在这时，坏习惯就会趁机跑出来。在和理性的斗争中，我们的坏习惯的力量往往是强大的。所以他为了实现完美人格的理想，给自己制定了十三条道德戒律。这十三条道德戒律，便成了他人生的中心价值。他毕生都实践着自己建立的价值，并为了将这些价值体现在自己的人格中，奋斗了五十多年。而在实现了这十三种价值之后，他也得以真正地成为了一名出色的领袖。

所有令人尊敬的人都有一个共同的特点，那就是能够遵守自己建立的价值，并且能够严持信念，忠诚于自己的生活。只有按照自己的价值观，诚实地实践人生目标的人，才能拥有与众不同的人生，才能创造给时代或文化带来变化的、令人尊敬的人生。

不放弃

本杰明·富兰克林的13条道德戒律

一【节制】食不过饱；饮不过量。

二【静默】言则于人于己有益，不作无益闲聊。

三【条理】不同的东西放在各自的位置；做事情有一定时间限制。

四【决断】决定做应该做的事；决定后坚持到底。

五【俭朴】花钱须于人于己有益，不糟蹋浪费。

六【勤勉】爱惜时间；时刻做有益之事；不做不必要的行动。

七【诚恳】不欺骗人；思想纯洁公正；说话要出于诚意。

八【正直】不做于人有害的事；做好自己责任内的事。

九【中庸】不走极端；对人少怀怨恨之心；容忍别人对我实施应有的惩罚。

十【整洁】身体、衣服和住所务必清洁。

十一【宁静】不因琐事或普通而不可避免的事件而烦恼。

十二【贞洁】节欲，不伤害身体，不许损害他人的安宁或名誉。

十三【谦逊】效仿耶稣和苏格拉底。

核心价值在规划愿景的时候是非常重要的。因此，我们要努力找到自己正面的核心价值。因为只有以正确的价值作为导向，规划出的愿景才具有意义。

Vision
与十年后的自己对话

如何树立正确的价值观？

在你死后，你希望别人以何种名义来怀念你？

　　价值中最高的价值便是核心价值。核心价值，是当众多价值产生冲突的时候，能够成为衡量标准的一种价值。在寻找愿景的种子时，最重要的，就是找到其核心价值。当核心价值清楚明了时，那么，为了坚定和守护这个价值的具体的人生目标，便可以得到确定。同时，为了这一人生目标而奋斗的计划，便也会随之确立。然后按照计划，又会带来行动上的变化等，这一系列的结果都会随之而来。

　　而与此相反的，如果没有核心价值，即便一个人的人生目标确立了，也为之奋斗并实现了，但是随着时间的流逝，他还是会被虚无感和空虚感所包围。没有一个值得自己义无反顾的目的地，人生最后只能暗

不放弃

淡无光。所以，准确地设定人生愿景的先后顺序是非常重要的。以核心价值为基础的未来愿景，根据具体目标的设定顺序，来设计未来愿景，是我们实现人生目标的根本方法。

被称为现代管理学之父的彼得·德鲁克（Peter F.Drucker），在他10岁的某一天，遇到了菲利·克勒神父（当时奥地利的九年义务学校宗教负责人）。神父问年幼的德鲁克：

"将来在你离开这个世界以后，你希望人们以什么样的名义来怀念你？"

德鲁克对这个问题有点措手不及，没有任何头绪。因为在那么幼小的年纪，他对于自己人生的走向还毫无概念。神父看着茫然无措的他，咯咯地笑了起来，然后对他说：

"当你五十岁的时候，如果还是无法回答这个问题的话，那么就可以认定你之前的人生完全走错了。"

这句话在年少的德鲁克心中萦绕许久，也在他的一生中留下了难以磨灭的印象。德鲁克在接受了这样的发问后，便去寻找答案。在探寻答案的过程中，他获得了观察人生和世界的标准，并且找到了作为自己人生目标的未来愿景。

"我希望成为能够帮助人们设定并完成自我人生目标的人，希望人们以此来记住我。"

彼得·德鲁克以管理学之父的大家风范，将"帮助他人设定并完成自我的人生目标"作为自己一生的愿景,作为自己人生的珍贵价值。也正因为他以此为人生目标,并努力为之实践,最终他成了现代管理学之父。

"在自己离开这个世界之后,你希望被人以什么样的名义来怀念呢?"

对于这个问题进行自问自答,然后寻找一下答案吧。当然,我们肯定要以正面的心态为前提来提问——必须是做对周围的人及社会有益的人,以此来被人们怀念。在寻找这个答案的过程中,你一定会找到人生的目标以及自己的核心价值。

你真正想做的事

芝加哥大学的本杰明(Benjamin Bloom)教授,对各个领域里的一些成功人士进行了调查,然后发现了他们成功的共同原因。以下是他分析的这些成功人士的调查结果,然后得出的结论:

"成功的决定性影响因素,既不是先天的才能,也不是后天的教育环境。而在于自己根据自己的价值观,所选择的事业,即'你真正想做的是什么'。"

是否根据价值观来选择自己的事业,是左右你成功的因素。如果按照你所认为的正确的价值为标准,你就会让自己具备实现它的能力。这样一来，随着能力的逐渐提高，你就会慢慢地成为某个领域的专家。最后，获得成功也是无可厚非的事情。

近来，大部分年轻人对于自己想要做的、想要拥有的东西都很清楚。但是人生中对某些东西的极端追求，会使我们忘记自己人生的价值，忘记自己想要成为什么样的人，为了什么而活，而只是一心追求眼前的一点现实利益。如果不能树立正确的人生价值观，那么为了得到自己想要的，就会不择手段。如果不能完全认识到对于自己最珍贵的价值是什么，那无论付出怎样的努力，人生到最后都只能空留悔恨。

人要像人一样地活着，只有当我们在超越了生物最原始的本能之后，才有可能实现。仅凭自己拥有的物质多少，是不可能实现成功的人生的。只有按照自己的价值观去生活，成功才会随之而来。

为了发现核心价值所做的 Workbook

在决定人生价值的前进道路上，设计自己的梦想和愿景时，怎样才能找到核心价值呢？首先我们需要找到一个地方，平静地审视自己的内心，比照自己过去的人生和现在的境况。在那个地方，我们闭上双眼，集中注意力，安静地听从自己内心的声音。然后请参考以下内容，询问自己"什么才是自己真正想要实现的人生，以及自己想去追求的人生价值"。

★ 现在学习及积累知识的终极目的是什么？

★ 最令你心痛的回忆是什么？

★ 你常常梦见的理想世界是什么样的世界？

★ 到目前为止，自己想竭尽全力去完成的事是什么？

★ 回望迄今为止的人生，你对什么事情倾注的时间最多？

★ 当你一直追求和祈愿的目标达成之后，你会怎么想？

★ 你认为真正的幸福是什么？

★ 如果你所认为的幸福的条件，是世上所有人都所拥有的东西，你会作何感想？

★ 一直萦绕在你心头，占据你脑海的习惯和人生价值是什么？

★ 如果给你如你所愿的物质和环境，你希望做什么工作？

★ 按照你现在的生活方式生活，假如人生马上就要结束了，你敢说你的一生没有一点遗憾且是非常有意义的吗？

★ 让你尊敬并视为榜样的人都是从事什么工作的人？

★ 你视为榜样的那个人通过他的工作实现了怎样的人生价值？

★ 为了从事你的榜样人物所从事的工作你应该改变自己的哪些状态？

★ 在你的人生中，你最想做的是什么？最想成为什么样的人？想拥有什么？

★ 如果你想通过你想做的事及你所拥有的一切来帮助别人，你希望帮助怎样的人群？以及如何去帮助他们？

不放弃

根据以上的提问,制作我们自己的价值目录表吧。在写自己的价值目录的时候,根据我们所认为的价值,并通过目录清单的形式写出如何来实现价值、想要做何事以及必须要做的是什么等具体的行为。同时参考一下本杰明·富兰克林的十三条道德戒律也是非常好的方法。

例

社会贡献:为了帮助贫困失学儿童,一生奉献自己的力量。

责任感:竭尽全力,完成自己所肩负的责任以及自己应该做的事。

正直:无论在怎样的环境下,绝不做欺骗自我以及他人的事。

知性:拥有优秀的指导能力,能够帮助很多人树立自我价值观和设计未来愿景。

下面则是能够帮助我们发现价值的价值目录表。写出我们的价值目录,并且写出实现这些之后,我们所要达到的目标及其正确性,并写出人生目标以及选择其作为目标的理由。

爱、自由、亲密感、安定感、冒险、平安、健康、热情、幸福、奉献、志愿、创造、发展、愉悦、能力、卓越性、学习和成长、知性、正直、诚实、宗教价值、肯定的人生态度、忍耐、节制、坚韧、正义、纯洁、沉着、中庸、勤勉、节俭、静默、谦逊、责任感、信任感等等。

制作价值目录表时需要考虑的三个事项：

第一，需要审视该价值是否符合道德和伦理规范，是否具有普遍意义。根据此价值，是否能够实现自己的人生目标，以及对他人是否是有益的。

第二，在写出"最想做的事，最希望成为的人，以及最想拥有的东西"时，请再思考一下，你想奉献给社会的是什么。如果只是为了自己的私利，那么它并没有作为价值的意义。

第三，审视自己设定的人生价值——"随着时间的流逝，它是否仍然能够带来影响、具备意义"，然后写出自己的价值目录表。

根据这三点，我们便可以在写出来的三十条价值中，整理出最珍贵和最重要的价值。这样，三十条内容就差不多只剩下一半了。通过这样不断地筛选，最后大概剩下五条。剩下来的这五条内容，将会成为我们制定正确的人生目标的导向，在我们的一生中起到非常重要的作用。

Vision

与十年后的自己对话

丁零丁零，请设计你的未来

请设定你的人生目标

美国前总统克林顿在其自传《我的生活》一书中，写下了这样的卷首语：

就在我即将从法学系毕业之前，在那个青春热血仍然激荡内心的时期，我某天突发奇想，将自己喜欢读的那些小说和史书暂时束之高阁，抱着想要认真生活的念头，买了一本实用主义的书籍来看。那是阿兰·拉金（Alan Lakein）所著的，一本名为《如何掌控自己的时间和生活》的书。这本书的要点，是讲如何将你的人生目标分为短期目标、中期目标和长期目标，并讲如何来区分其重要度。比如 A 组是最重要的事情，然后是 B 组，再然后是 C 组，以此按照其重要程度来归类。然后在每组目标下面，列出为了实现目标所需要做出的具体行动。如今三十年过去了，那本书我还保留着。而那张写满了目标的小纸片，大概也还在我的某本书里夹着。当时写在 A 组内的那些目标内容，我仍记忆犹新。那便是：我要成为一个好人，要有一段美满的婚姻，有可爱的孩子，有知心的好友，我要做一名成功的政治家，及写一本好书。[1]

而在自传的最后，他是这样结尾的：

> 让我们重新回到我的故事。此刻的我，也还在为我青春时期立下的雄心壮志而努力着。成为一个好人，这是我穷尽毕生所要完成的事情。[2]

克林顿在结束了他的总统任期后，写就了他的自传一书。他在自传中，无一遗漏地记述了自己的人生。记录了他成为美国总统的历程，同时也记录了他成为美国总统后，给美国以及全世界所带来的影响等。那么，在书中那么多的故事开讲之前，他为什么要在开头提及，他在青春时期所写下的人生目标的故事呢？而在书的结束语中，他为何又说，至今仍然在为了实现当年的人生目标而努力的话题呢？这意味着他正是想以此告诉大家，他的人生，和他在年轻时期立下的人生目标是紧密相关的，他的人生正是因为年轻时确立的目标而发生了改变。他的一生向我们证明，迄今为止的人生，是一段为了年轻时立下的人生目标而奋斗的岁月，而今后也将成为其为了达成人生目标而奋斗的余生。

克林顿所提及的 A 组目标中，最重要的就是人生愿景，是他在这片土地上，需要去完成、去奋斗的正确的目标。然后他的其他目标及实施计划，则放在了 B 组和 C 组里，一目了然。

对于人生目标和人生价值都清清楚楚的人而言，他的人生是不会浪费的，他也不会彷徨，即便周围环境的变化带来危机或挫折，他也不会放弃。因为清楚自己生活的意义以及人生目标的人，会为了实现自己的愿景和价值而不断地充实自己的现实生活。所以，找到自己前进的道路是非常重要的。

现在我们来看看具体设计自己未来愿景的方法。以自己人生的核心价值为基础，为了完成正确的人生目标，设计一个谁也无法复制、鲜活呈现未来的愿景蓝图吧。对于以下的问题请诚实且充分地探问自我的内心，并给出你的答案。

帮助你设计愿景的问题清单

在给出问题答案之前，请勿跳入下一题。

★ 假如无论做什么事，你都可以得到自己想要的一切，那么在你的人生中你最想成为怎样的人，最想拥有的是什么，最想做的是什么？
★ 在刚才"发现核心价值"的环节中，你想要重新树立的人生价值观是什么？请写在这里。
★ 在你死后，你希望人们以何种名义来怀念你？
★ 你最擅长且喜欢的事情是什么？别人认为你最擅长的是什么？
★ 如果通过你最擅长且喜欢的事情可以将世界变得更美好，那你希望创造一个怎样的世界？
★ 假如现在你所梦想的事情实现了，那么5年后、10年后，甚至20年后，你将会在哪里做着什么呢？或者为了实现那个梦想，你的影响力需要达到什么样的程度？
★ 为了完成那个梦想，你需要具备怎样的人生态度、养成怎样的习惯以及采取哪些具体行动？
★ 你希望给邻居、社会以及国家带来怎样的影响？
★ 当你碰见后辈们的时候，他们若问你人生最珍贵的价值是什么，你将如何作答？
★ 为了使生活更符合你所秉持的价值观，你认为你现在需要改变的是什么？
★ 为了实现你所希望的人生目标，你必须做出怎样的姿态？

马丁·路德·金的愿景

马丁·路德·金（Martin Luther King）牧师，将消除种族差异、为黑人重获自由，作为自己的梦想。而他为了这个梦想奉献了自己的一生。他将自己的梦想，写成了一篇简洁的文章，任谁都可以读懂和理解。1963年8月28日，他在华盛顿林肯纪念馆，在数以万计的人面前，当众发表了一场演讲——《我有一个梦想》。演讲标题中的"梦想"一词，就是指消除人种差别，给正在承受苦痛的人们，带去希望和期待。他所指的"梦想"，不仅仅是梦想，也是愿景的意思。美国人对于愿景和梦想是没有区别理解的。

当时，刚好美国前总统克林顿也在现场，他听了马丁·路德·金的演讲。克林顿说，听演讲的时候，好像正倾听着自己的梦想，那种共鸣感，使得他整个身子都如触电般地战栗着。马丁·路德·金的演讲，在数以万计的人心中，播下了改善黑人人权的希望的种子。在当时看起来不太有希望改变的、暗淡的环境中，这些撒落下来的梦想的种子，却开始在每个人的内心悄悄地生根发芽。同时，这个梦想随着马丁·路德·金不遗余力的呼喊，最终升华成为追寻自由的果实。

以下便是马丁·路德·金的愿景清单——《我有一个梦想》。

我有一个梦想，是希望看到乔治亚州的红色山岗上，黑奴的后人和奴隶主的后人能够相对执手，亲密对坐。

我有一个梦想，是希望连密西西比州这样存在着不义和压迫的地区，也能够变成正义和自由的绿洲。

我有一个梦想，是希望我的孩子们生活在一个以人格来评判人的国度里，而不是生活在一个以肤色来评判人的国度。

今天，我有一个梦想。我梦想有一天，亚拉巴马州能够有所转变，尽管该州州长现在仍然满口异议，反对联邦法令，但希望有朝一日，那里的黑人男孩和女孩将能与白人男孩和女孩情同骨肉，携手并进。[3]

我们应该像马丁·路德·金牧师所做的那样，将自己的梦想进行整理，并且向大众进行呼吁和传达。我们也应该将我们的人生目标及人生的珍贵价值，整理得清清楚楚，一目了然。为了帮助自己设计未来的愿景清单，请参考问题清单，整理出我们自己独有的愿景清单吧。尽量使用让自己无论何时听到都会为之一振，想到的时候总是首先浮上脑海的、简洁的语句。然后将完成后的清单，漂漂亮亮地贴在自己抬眼可见的地方，每天大声读一遍。你自己的愿景清单，是你为自己的人生布下的根系，终将开花结果。

不放弃

写出我们自己的《我有一个梦想》

我也向马丁·路德·金牧师学习,写下了属于我自己的《我有一个梦想》,并将它珍藏在心中,实践于生活。每当翻阅这篇文字的时候,我总是能感受到内心的激动,仿佛未来的美景已经在我面前铺陈开来,我的脸上也会自然流露出喜悦的笑容。在我的愿景清单里,有一项是:2013年年底之前,一定要出版署有我名字的书。写下这个梦想的时间,是2007年。那时候,对于未来,我什么也看不到,连做梦都没想过自己会写书。但是,当我写下了自己的梦想清单后,一有时间便会读一读,并且每天都充实地度过,最后终于迎来了书籍出版的那天。那是2011年12月,我的第一本书《以未来的自传,设计你今天的梦想》。书出版的时间比我曾经的计划足足提前了两年,真是件神奇又惊喜的事情。于是,这更加坚定了我对未来的信心,并确信我的梦想清单,一定会在数年内逐一实现。为了实现这一天,我每天都认真准备着,计划着,充实地活着。

以下,便是我的《我有一个梦想》。像这样写就的梦想清单,就是我为美好未来播下的种子。

我有一个梦想,希望有一天,我能够给青少年输送如何保持平衡的价值观,给那些人生目标不清楚的人种下未来希望的种子。

我有一个梦想,希望有一天,我可以成为有实力的教育专家,成为帮助别人设计未来的讲师,并且能够在全国巡回演讲。

我有一个梦想,希望在2013年年底之前能够出版署有我名字的书,给更多需要实现梦想和愿景的人以帮助。

我有一个梦想,希望一年内能够出版三本以上的书,给更多希望获得丰饶人生的人一定的指导。(这是第一本书出版后,重新设定的内容)

我有一个梦想,希望能够建立"han gyul(韩洁,他儿子的名字)青少年文化中心",并设立"han gyul(韩洁)文化财团",每年向青少年提供30个以上名额的奖学金。

我有一个梦想,希望我能够发挥自己的影响力,给那些正在准备着梦想的人以帮助。

为了实现我的梦想,我像下面所写到的那般,培养正确的人生态度和习惯,全力以赴开创我的未来。

★ 看清生活的本质,保持正直且诚实。

★ 对于疑惑要探寻,对他人要温暖。

★ 感情上不要迷惑,则会拥有爱和分享的人生。

比起任何事情,在实现这所有事情的时候,要努力不忘记上天的道义。

现在让我们来写出属于自己的梦想清单吧。到现在为止,参考之前

不放弃

已经写好的问题清单,用简洁的语句,写下属于我们自己的梦想清单,让我们无论何时听到都会被它打动。

在写清单的时候,请尽量写具体,如果有想要实现的目标,请具体到年月日,用简洁的语句更有效果。

除此之外,根据梦想清单将人生的目的、目标、自我管理(健康、闲暇、习惯、时间管理、周围环境、语言、思维、心理管理),人际关系、学习计划、财政管理、综合执行等,一一进行分类描述,那么,一篇关于实现愿景的好文章就产生了。

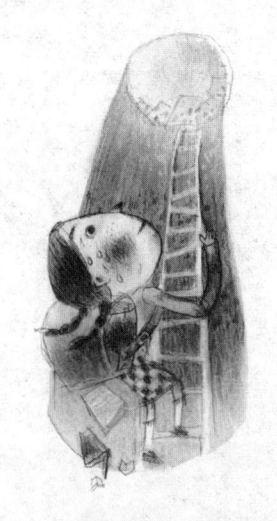

不 放 弃

Belief
坚定不移地走下去

Belief
信念——就是坚信自己一定可以实现自己树立的未来目标，从不疑惑、从不动摇的心。

人对于自己所做的事情要持有信念。
自觉地去执行自己所认为正确的事，这种力量是每个人都具备的。
对于自己是否拥有那样的力量，请不要怀疑，坚定地走下去吧。

——歌德

Belief
坚定不移地走下去

只有坚信才能成功

将不可能变为可能

词典上对于"信念"一词的定义是:"坚信,且不怀疑的心"。换句话讲,对于人生正面的目的,以及为了达到这个目的,我们设计出了可见的、生动的愿景,且我们对于这个愿景能够实现的可能性深信不疑,这便是信念。也可以说,信念是我们坚信自己能够实现人生愿景,并为了实现这个目标而不断努力的决心所激发出的能量。拥有信念的人,对于眼前所遇到的困境,会毫不动摇。无论遇到任何事情,都怀着一定要实现愿景的决心,坚持走到最后的人,便可谓信念强大的人。

信念和看不见的世界有着紧密的联系。当现实中遇到一些事情,看起来似乎并不是那么好,但是毫不放弃的坚持到底的心,便是信念。有

不放弃

信念的人遭遇艰难的现实时，再困难，他也不会放弃。即便在没有转机的境况下，他也不会因此觉得挫败。因为他坚信一定会得到自己所希望的结果，正是这种坚信，让其人生充满了活力。当你看着这样的人时，也绝对会被感染，激发出强大能量。

海伦·凯勒双目失明，双耳失聪，也没有说话的能力。虽然她身体残疾，但是她通过自己的一生向世界展示了信念的力量。她超越了自身的残疾所带来的限制，掌握了五门语言，这是正常人都很难做到的。她成为美国历史上第一个获得学士学位的视听障碍者，也因此成为世界上那些身残志坚的人的榜样。同样，在冬季奥运会上获得花样滑冰冠军的金妍儿选手，也是因为自己的信念，实现了自己的愿景。在冰面条件非常有限的情况下，她凭着自己要实现梦想的信念，通过竭尽全力的付出和磨炼，获得了自己所梦想的东西，可谓天道酬勤。信念，就是有着如此惊人的能量。

人生有磨炼，但没有失败

要说有信念的人，不得不提到现代集团的创始人——已故的郑周永会长。他秉持"人生有得是磨炼，但没有失败"的信念，度过了自己的一生。接下来，就来讲述关于他不屈的意志和不放弃的信念的故事。

郑周永十九岁的时候，在仁川做苦力。工人的集体宿舍一到了晚上，到处爬行的臭虫，几乎多到让人无法入睡的程度。为了躲避臭虫，人们就睡在饭桌上。可是臭虫竟顺着桌子腿爬上去，还咬了人。于是大家又在桌子腿上绑上装有水的搪瓷容器，结果当天晚上还是有人被咬了。大家都觉得很诧异，心想绑在桌腿上的装满水的容器不会没用啊！按道理虫子只要爬到桌腿中间，就会掉进装满水的搪瓷容器里被淹死。可为什么它们还是爬上了桌子咬人呢？大家抱着这样的疑问，打开了灯，观察起臭虫的行动来。观察到的结果使他们惊讶得几乎说不出话来。原来臭虫改变了行进的路线，不走桌腿，改道了！它们从墙壁往上爬，一直爬到天花板，然后朝着人的方向，再一点点地降落下来。这真是不达目的誓不罢休的典范！于是郑周永会长开始想，既然连虫子都可以为了实现自己的目标不顾一切，那我现在所受的苦又算得了什么呢？

这次的臭虫事件，给郑周永会长的内心埋下了新的想法，那就是不论遇到怎样的阻挠，都不要放弃。从那以后，无论在怎样困难的情况下，他都没有放弃过。这点看看现代建设公司创立时的情况就能知道了。现代建设在创立的时候，大概遭到了三千多家建筑公司的刁难，激烈的竞争环境，使得失败的概率很大，但是他的信念毫不动摇。他说："开始做任何事情的时候，都要抱着90%必然成功的信念，和10%要将不可能变为可能的自信。除此之外，不能有任何1%的对于成功的不安和怀疑。"于是，他一边说着这样的话，一边将现代建设公司发展成了大企业。

不放弃

建立造船所的时候也是如此。郑周永仅凭尾浦的一张地图和两张照片，便签下了合同，成就了前无古人后无来者的佳话。造船所建立之前，他就拿到了油轮的订单，而且成功从英国和瑞士的银行借来了建设资金，最终建立了造船所。这些成功是因为当初他在看着那两张照片的时候，心里已经播下了信念的种子，那就是要使韩国成为造船强国。

"人生中没有永远的失败。"

"如果没有实践，那所有的挑战都毫无意义。世上本没有路，走着走着就有了。"

"人们喜欢给自己设定上限，超越这种自我限定的极限，给我带来了成功的喜悦。并且这种成就感是非常有意义的，它不仅支撑我完成了企业家的梦想，而且支撑着我面对今后更多的挑战。人的潜力是无限的。这种无限的潜力，对于任何人，都可以带来无限的可能性。我就是灵活运用了自己的这种潜力，将那些可能性变成了现实。"

"人生有得是磨炼，但没有失败。"

一个人的信念可以改变一个国家

一个人的信念，也可以改变这个社会和世界。委内瑞拉的约瑟·A·阿布里奥（José Antonio Abreu）博士，便是这样一个人。他是有名的经济学者，同时也是音乐家。1975年，他无偿向贫民窟的孩子捐献了管弦乐器，并且教授他们演奏管弦乐。于是，委内瑞拉青年管弦乐团基金会（El Sistema）自此开始运营。他认为音乐可以改变孩子们的命运，也可以改变这个社会。这是他的愿景，也是他的信念。他是这样表达他希望通过音乐来改变人和社会的：

"音乐可以打动人的心灵。音乐可以激发人的感情，并且将这种感情表达出来。而管弦乐是需要团队合作的，这样孩子们可以学会团结与合作。同时，我们是热爱歌舞的民族，对于我们而言，做音乐，就是改变人和世界的事情。"

他以实现自己的愿景为信念，不断地向政治家、历任总统说明管弦乐团基金会的必要性，而且都成功说服了他们。委内瑞拉作为南美最大的产油国，有着极端严重的贫富差距。在全国人口中，有30%的人属于贫民阶层。枪支、毒品、暴力等不良因素充斥在贫民窟孩子的生活中，使他们无法得到正常的教育。昨天的挚友，可能就是今天的敌人，并且可能对你举起枪口开枪。这样的事在贫民窟是家常便饭。因此，贫民窟的孩子们很容易受到犯罪的诱惑，跟他们的父母一样掉入暴力和毒品的魔窟，使得这样的生活，恶性循环般一代代地演绎下去。

但是，自从青年管弦乐团基金会开始运营之后，贫民窟孩子们的命运也自此得到了改变。在破旧的车库里，由十一个孩子组成的管弦乐团，历经三十五年，使得三十万名儿童、青少年在那里接受了教育。"演奏吧！战斗吧！"这是管弦乐团基金会的座右铭。这句话并不是叫他们用枪和毒品去战斗，而是用音乐和艺术去战斗。

不放弃

"我们用艺术来战斗。长大后的孩子们,在音乐价值的引领下,团结成了一股力量!就像当初南美解放的主要领袖——西蒙·玻利瓦尔(Simón Bolívar)所期望的那样,他们形成了一个整体,为了更加美好的世界一起并肩战斗。音乐可以表达世上所有的情感。欢喜、平和、希望、和谐、力量以及所有的能量,都是它能够表达的。"

孩子们通过演奏管弦乐器,学会了自我节制,增强了责任感。通过团队的演奏,他们明白了在团体中所需要的献身精神,也懂得了所有人一起经过协调配合的过程。孩子们通过学习音乐,才感受到了自己在这个世界上是一个珍贵的存在。并且关于未来的梦想和希望,也在他们的心中开始孕育。这些在贫穷和暴力中挣扎的孩子们,通过在管弦乐团基金会的学习,找到了人生新的出发点,重新接受生活的挑战。就在这用音乐来战斗的三十五年里,委内瑞拉的青少年犯罪率减少了60%左右。

在管弦乐团基金会,有一个默契的约定,就是那些接受教育后成为音乐家的孩子们,又会重返乐团内,教导新的后辈们。无论他是多么顶尖的世界级演奏家,每年他都会在委内瑞拉停留一段日子。他们将自己在管弦乐团基金会内所得到的,又加倍地教与别的孩子,帮助他们的人生发现新的可能性。如此不断地循环,他们改变了自己,从而也改变了世界,奇迹也就发生了。如今,管弦乐团基金会这个项目不仅在委内瑞拉,在全世界都开始广泛推展开来。韩国也在积极做准备,来引入这一项目。约瑟·A·阿布里奥的愿景和一定要实现愿景的信念,超出了委内瑞拉的国界,成为了改变世界的源动力。

Belief
坚定不移地走下去

坚如磐石的信念

请专注于你梦想所在的地方

不论你怀着多么明确的信念，我们的人生都不会在一夜之间发生改变。即便如此，人们还是以为，只要人生怀着积极的使命和愿景，就一定会实现。哪怕他们什么也不做，愿景的种子也会自己发出碧绿的嫩芽，长出纤长的枝条，开出娇艳的花来。并且他们本人丝毫都不怀疑这一点。于是，每天每天，他们只要盼望着枝芽的成长就可以了。但是，随着时间的流逝，他们认为人生目标可以轻易实现的想法，慢慢开始改变。人生马上就能得到改变的那种激动，也已经在时间的消磨里消失得无影无踪，取而代之的是面对残酷的现实。

小时候，我常常去踢足球。那个年代里，并不像现在可以轻易找到

不放弃

一个像样的球场。但是，即便在那样的条件下，我们还是踢得不亦乐乎。那是一个充满沙砾和石子的场地，就在树底下的非常狭窄的一片空地。但是，不论多么不起眼的场地，边界线是必需的。于是，我们就找树枝画了边界线。如果只靠自己的力量去画线，线画得就不是很明显。只有一个人在前面拿着树枝，后面的人用手按住树枝，两个人一起用力，才可以画出清晰可见的线。只是即便两个人一起努力，也没有办法画出期待的方方正正的直线。努力了好几次，结果都是一样的。在这种误差出现的最终，我们发现了画不出直线的原因。本来画线的时候，我们画线的人只要看着下一个端点就可以了，但是实际上为了避开石子和沙砾，我们把注意力放在了自己眼前的区域。

我们的人生也是如此。如果不把目光看得远一点，只盯着自己眼前的状态，那么我们只能被眼前的一切所束缚。如果没有画出标准的线，那么足球比赛开始后，也容易因为失去了标准而发生争吵，甚至是混乱厮打的场面。如果像这样，被眼前的混乱所牵制，那么该干的正事可能连开始的机会都没有，就只好放弃了。

所以为了拥有实现愿景的信念，我们不要把目光投注在眼前的环境里。我们只需要向着我们所要达到的目标去努力。因为一旦被眼前的事物牵绊住精力，我们可能就会放弃我们所要到达的目的地。

恶魔们的钓人比赛

有一天,恶魔们聚集在一起,举行了一次钓人比赛。比赛中,有一个恶魔显得非常特别。这个拿了第一名的恶魔,从口袋里放出了无数多的人,惊得其他恶魔都睁大了眼睛望向他,问道:"哎呀,你用了什么诱饵,竟然能钓到这么多的人?"

第一名轻描淡写地答道:"这个很简单啊,我只用了一个诱饵,那就是对他们说'你已经来不及了,放弃吧'。"

"喔?这句话这么有用?"众恶魔仍然觉得不可思议。

"对啊,因为对于人来讲,即便他的时间绰绰有余,但只要有人在他边上说'你来不及了',他就会真的以为自己来不及了,然后主动选择放弃。"

这个故事虽然简短,却意味深长。获得第一名的恶魔是真正抓住了人性的弱点。通过观察人类的一举手一投足,发现了人在遇到困难的时候会做出怎样的反应。第一名的恶魔就是看透了我们人类在遇到困难的时候容易放弃的特性。所以他就一直观察着,在决定性的时刻,使得人们主动放弃。

我们的周围,时常围绕着这样的恶魔。只要我们一开始四顾张望,他必定会给我们下饵,来诱惑我们放弃。

不放弃

所以，在遇到困境的时候，我们不要被眼前的一切所迷惑，不要做那个被恶魔诱惑的傻子。因为在我们把目光投向眼前境况的那一刻起，我们已经成为恶魔的俘虏。所以，请不要看眼前，而应把目光放长远，并且要坚信我们一定能够到达自己所要去的地方。

托克代尔悖论（The Stockdale Paradox），
重要的是你面对当下的姿态

莫罕达斯·卡拉姆昌德·甘地（Mohandas Karamchand Gandhi），为了将印度从英国殖民者手中独立出来，他奉献了自己的一生。就在甘地开展独立运动的时候，印度还不具备从英国的统治中独立的状态。但甘地并没有被眼前的困境所束缚，而是照常展开了独立运动。在和英国统治者的斗争中，很多印度民众都牺牲了，但是接下来甘地展开了"非暴力不合作"运动。在此之前，世界上还没有哪个国家有过"非暴力不合作"的先例。甘地却坚信，"非暴力不合作"运动一定可以使印度获得自治的主权。无数的人反对他的计划，可他丝毫不为所动。在现实状况不明朗的情况下，印度最终的独立，使得甘地所坚持的理念得到了证明。下面的话，就是要告诉我们，当面对残酷现实的时候，我们应该保持怎样的姿态。

世界著名的管理学家吉姆·柯林斯（Jim Collins）在其著作《从优秀到卓越》中提到了"托克代尔悖论"（Stockdale Paradox）。这个理论出自于越南战争中被俘的美军高级将领——托克代尔将军的故事。在河内战俘收容所的八年里，托克代尔将军受尽了严刑拷问，但是为了让更多的战俘重返故乡，他做出了很多努力。所以最后在河内监狱存活下来的人，不是乐观主义者，而是强大的现实主义者。那些乐观主义者在圣诞节临近的时候，都以为自己要被释放了，结果没有。到了复活节，他们以为自己会被释放，结果还是没有。然后他们就又幻想着感恩节一定可以被释放，结果还是没有。如此，他们就这样从一个圣诞节盼到下一个圣诞节，有过一次又一次的期待，最后都成了泡影。这一次又一次的失望，使他们陷入绝望。以至于最后他们不再相信自己可以活着出去了，大多郁郁而终。而现实主义者们却与之相反。他们认为这个圣诞节之前是出不去了，并提前做好了各种应对的准备。他们认为自己最终是可以出去的，只要他们坚持挺过一个又一个圣诞节。

托克代尔（Stockdale Paradox）在被关押期间，无论遭受怎样的折磨，他都没有放弃最终会出去的信念。而且，无论眼前遇到什么状况，他都选择直面现实中最残酷的一面。这一点，无论对于个人还是企业，都是非常必需的一种思维方式。这种思维方式告诉大家，不要因为相信成功的信念和眼前遭遇的残酷现实产生冲撞而使自己的想法混乱。[1]

不放弃

　　是不是内心有着清楚的愿景,可现在的人生依旧艰难?是不是存在无法解决的困难?现在所处的处境是不是很难坚持?无论在怎样的困境之下,我们对待困难的态度都不要改变。这一点,是我们最需要注意的。不要只看眼前,我们应该用相信的眼光,去看待未来的自己。不要总是唠叨"要死了",而应在内心根植下自己"一定能行"的信念。

你好！信念！

相信自己，倾听自己的心

信念最大的敌人，就是怀疑。怀揣怀疑的人，比起自己内心的声音，他们对周围环境以及别人的看法更为敏感。

"请在心里种下一个能让你内心激荡的愿景。请找到你自己喜欢做的事。请走那些别人不曾走过的路。请倾听你内心的声音并去实现它。"

这些话，对年轻人而言，是可以使他们的人生获得成功的箴言。不仅仅是对年轻人，也是能引起所有人共鸣的语言。听到这样的话，很多人都会怀着希望，开始新的人生挑战。但是，随着时间的流逝，他们渐渐认清周围的环境。然后开始自我怀疑："我现在所做的一切，真的可以成功吗？"对于舆论媒体上出现的那些负面信息，他们也会很敏感地接收到，并乱了心绪。

不放弃

美国的社会心理学者艾什（Ash）针对人们的"从众效应（conformity）"做了一组实验。所谓"从众效应"，就是在没有外部压力的情况下，人们也会有意识或无意识地受到外部的影响，并且根据影响而改变自己的行动和选择。这和"跟着朋友去江南"（韩国俗语，意指随大流，人云亦云）的心理是一样的。

艾什（Ash）把孩子们进行了分组，然后进行提问考试。其中一个组的孩子答题时，艾什会很明确地告诉他们是否是正确答案。而对于另一个小组，在孩子回答时，就笑着说他选的不是正确答案。孩子们原本坚信自己所做的答案是正确的，但当听说不是正确答案后，情况就不一样了。孩子们都慌乱起来，答对问题的孩子少了一半。在实验中，一组孩子受到了影响，一组孩子没有受到影响。那个受到外界影响的小组，选择了和他人的思维同步，最终得出了不好的结果。简而言之，相信自己和相信他人的差异很明显。那个超过一半的人答错的小组，比起相信自己，他们更容易被别人的话所动摇。

我曾访问过百万富翁，成为富翁的秘诀是什么。他们共同的答案都是"相信自己"。相信自己，就是相信自己的想法、愿景和信念，最重要的是相信自己成功的可能性。既聪慧又成功的人中，75%是依靠自己内心的决断而成功的，只有25%的人，是参考了外部的意见而成功的。所以，在做决定的时候，最重要的，不是去寻求他人的意见和支持，而应倾听自己内心的声音。

动摇我的恐惧来源

有一天，高尔夫传奇球手杰克·尼古拉斯（Jack Nicolas）拜访了他的竞争对手阿诺·帕玛（Arnold Palmer）。阿诺·帕玛非常热情地接待了他，并且给他看了自己视若珍宝的奖杯。杰克·尼古拉斯以为阿诺·帕玛的奖杯，会和他的优秀实力一样，非常耀眼。但是，为什么阿诺给他看的奖杯看起来那么寒酸？其实，阿诺给他看的奖杯，是阿诺正式成为专业选手之后，得到的第一个奖杯。和这个奖杯一起的，还有一块奖牌，被阿诺挂在了墙上。奖牌上，有这样一段文字：

"如果你认为你会输掉比赛，那最后你必定会输掉比赛。如果你认为你不会输，那你也就不会输。人生的战斗中，胜利会拥抱的，并不是强者或者先人一步者，而是那些坚信自己一定会赢的人。"

杰克·尼古拉斯将这段话铭刻于心，在每次比赛时，都怀着必胜的信念。从那以后，杰克的战绩变得华丽起来。在无数比赛中，他都取得了胜利。生意方面，他也发挥自己的潜能，成就了成功的一生。

怀疑，是我们恐惧的开端。在眼前的境况中，一旦遭逢一丝害怕，怀疑便会如潮水一般涌上来。所谓恐惧害怕，是对未来不确定的危险的一种妄测，并将其与自身联系起来，产生的不安的情绪；是对还未发生的事情，事先产生的担心和忧虑。怀着信念，朝着愿景的方向前进时，可能会产生"如果挑战失败怎么办""如果我失败了，亲人和朋友会怎

不放弃

么看我"等诸如此类的想法,这些莫名的不安与害怕,会不断地萦绕在我们的脑海里。

但是,我们在生活中担心和忧虑的那些事,实际发生的概率却非常小。根据心理学家的研究结果,担心和忧虑的 40% 是不会实际发生的,30% 是针对已经发生的事情而言的,22% 属于无端的担心,剩下的 4% 才是那些无法控制而发生的事情。也就是说,在生活中,我们担心和忧虑的那些事情,实际发生的概率不会超过 4%。因为这 4%,我们却将自己陷入了深深的担心和忧虑之中。

感受到害怕的人,往往还未开始尝试,就已经选择了放弃。这类人连挣扎都不挣扎一下,就被恐惧羁绊,对自己的能力产生怀疑,甚至选择放弃。不做任何奋斗,他们便已经对结局有了担心和忧虑。被恐惧包围的人,最终会因为失败意识的困扰,不做任何战斗的尝试,就在内心自动认定自己会失败,认为自己绝对不会取得胜利。

想要摆脱怀疑和害怕,我们必须变得胆大。对于那根本就不太会发生的 4% 的事情,我们不要担心,也不需要害怕。即便眼前所见的情形并不乐观,周围的人都否定我们的时候,也不要被影响。我们要确信,我们的愿景一定会实现,所以我们要努力地过好每一个当下的今天。摆脱怀疑的那一瞬间,才是信念的种子在内心的土壤里开始生根发芽的时候。

坚定信念的第一步,请转变思维体系

你是智力定向论者还是智力可变论者?

斯坦福大学的心理学家卡罗尔·德韦克(Carol Dweck),通过对引起儿童行为变化的行动研究,得出了内隐理论(implicit theory)的相关结论。她认为,每个人所具有的"对于个人的知识能力或性格等特性的信念",不仅会决定个人的成功与失败,甚至会带来更多的影响。同时,她认为人对于自己内心的观察,主要是从两种视角来进行的。

首先,智力定向论者(entity thoerist)认为,一个人的知识能力是不会发生变化的实体。这类人对于自己所有行动的结果,都判断为知识能力影响的结果。这类人会积累各种资历,并由此来作为求职的敲门砖。当求职受挫时,他们往往会认为自己一无是处。他们会想,自身的天分不足,得到这样的结果也是无可奈何的事情。这类人即便设定了明

不放弃

确的愿景，他们也会常常这样想："我不行吧，实在是天分有限。看来我也没什么特别的能力啊。"等等，诸如此类。

大部分人都属于智力定向论者。当他们对自己的人生不满意，或者遭遇失败的时候，他们会找到其他情况和理由，来完美地说明自己为什么会是现在这个样子。这种辨明的行为，就像是他们的一种自我防御装置。这类人总能找到借口，来掩盖自己的错误。但是，这种人生态度，只会使他们失去人生信念，无法到达成功的彼岸。

相反地，智力可变论者（incremental theory）则认为，不论你先天的智力如何，后天都会使其发生改变，这和自身的努力以及实践态度息息相关。根据自己的付出程度不同，得到的结果自然也会不同。当出现困难时，或者是给他一些课题，他都会设定一个更好的目标，并为之努力。即便遭遇失败，他们也不会责怪自己能力不足，只会认为这只是一次执行过程中的失误而已。并且，他们会继续为了目标而努力，找到更为有效的方法。

这一类人从不惧怕失败。即便遭遇挫折或者失败，他们也不会轻言放弃。他们会以百折不挠的精神，重新站起来迎接挑战。他们都有着别人无法复制的，属于他们自己的独特的人生故事。

往往，他们最终会因为战胜了逆境而成为别人的楷模，得到世人的敬仰。这类人的人生，才是最终成功的。

热情与信念的标志性人物——史蒂夫·乔布斯

著名的苹果公司的前任 CEO，史蒂夫·乔布斯（Steve Jobs）就是通过以往失败的经历，成就了自己的传奇人生的代表人物。他的生母未婚先孕产下他，后来他被一户平凡人家领养。在他学生时代，人生也并不顺畅。虽然他考入了大学，他的大学生涯也仅有 6 个月。但是，他大学辍学的这个选择，却是他人生中最英明的。20 岁的时候，他在父亲的车库里，与自己的好友沃兹（Steve Wozniak）一起创办起一个小小的公司，取名"苹果"（Apple）。10 年后，苹果公司成长为销售额 20 亿的知名公司。同时，他们乘胜追击，创造出了在出版领域引起变革的"苹果笔记本 Macintosh"。

但是，此举带来的喜悦是短暂的，他竟然被自己建立的苹果公司解雇了。换作任何人，肯定都非常受伤，可能还会对苹果公司进行刁难和报复。但是，乔布斯却认为被苹果公司解雇，是自己所遭遇的事情中最好的一件。在苹果公司积累的成功经验，成为他重新创立"NeXT"和"Pixar"的力量，支撑他东山再起。同时，他也有幸遇见了他所爱的女人。1995 年，"Pixar"公司制作了世界上第一部全电脑制作的动画电影《玩具总动员》（Toy Story），获得了巨大成功。此时，再回过头去看苹果公司，在解雇了乔布斯之后，正在慢慢陷入经营的困境。这时，乔布斯重新执掌了苹果公司，华丽回归。

不放弃

2004年，史蒂夫·乔布斯公布了自己罹患胰腺癌的消息。但是，在他对人生的热情与信念面前，癌症算不上什么。他不顾亲人与朋友的担忧，一如既往地投入事业，创造出了 IPAD 和 IPHONE，从而引导了全世界 IT 领域的革新和变化。

2011年，在胰腺癌治疗期间，他发表了 ICLOUD 技术，介绍了长得像太空船一样的苹果公司总部办公大楼的设计理念。他以世界最先进企业的 CEO 的身份重新站在了世界的面前。他通过自己的人生经历、亲身实践，向我们展示了一个非常重要的道理，那就是一定要有信念，坚信只要不断努力，你就会得到你所想要的一切。只要你做，就可以实现理想。

思想的力量不容忽视

思想，会给身体带来影响。被认为有"安慰剂（Placebo）效果"的一些假药，是指这种药实际上对治疗没有任何帮助，只是为了达到患者的心理效果所使用的"假"的药剂。用没有任何药效的假药，假装真药来对患者进行治疗，并使患者服用后病情得到了好转。这种治疗效果，完全取决于患者的大脑、身体以及思想。

现在我脑中所想的，是我的未来。现在我满怀热情想要得到的，是我的未来。我的未来，就是来自于我现在所想的。我为自己的人生设计了积极正面的愿景和使命，为了实现它们，我也设定了具体的人生目标。但是想要实现人生目标和愿景，我需要改变我的思维体系。正做着美梦的人，需要正面肯定的人生目标，以及对于未来的确信。这需要我们秉持不容置疑的信念，坚信它们一定会实现。这，才是我们人生成功的根本。

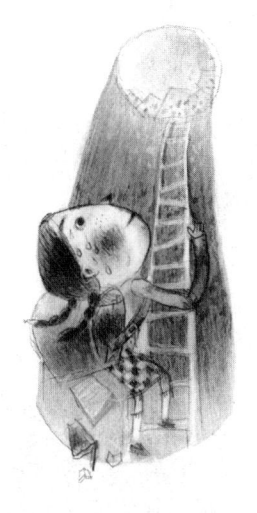

不 放 弃

Passion
让心火燃烧

Passion
热情——是为了实现自我的目标，
坚定自己的信念，并热衷一生的姿态。

请让你的内心保持永不熄灭的热情,只有那时,你的人生才是闪耀的。

——歌德

Passion

让心火燃烧

热情是成功的基石

热情是实现愿景的引擎

　　热情，是指为了实现自我的目标，坚定自己的信念，并热衷一生的姿态。如果我们心怀热情，那么不论我们处于何种境地，都能为了实现自我的目标，竭尽全力，热衷一生。怀有热情的人，不会轻言放弃，甚至会为了实现目标奋不顾身，付出一切。对于这种已经做好心理准备拼死一搏的人，没有什么是可以阻挡的，因为他们无所畏惧。如果你觉得退无可退，失无可失，那破釜沉舟，放手一搏，你所要达到的目标，自然就是囊中之物。

　　如果没有热情，即便有着再清晰的愿景和信念，也是无法达到自己的目标的。热情，是我们实现人生正面目标和愿景的引擎。就好比我们在路途中，哪怕你的目的地已经很明确了，但是如果不发动引擎，我们

不放弃

还是无法到达想要去的地方。如果是发动强力的引擎，那前进的速度会更快。而且在行进的过程中，无论路是多么崎岖，山是多么高，都是可以跨越的。

热情的人，不会在意自己到底处于什么境地，而总是充满自信。不管做什么事情，他们都不会畏缩。他们不计较结果，而是持之以恒地保持热情的心，尽自己最大的努力去做事。因为很清楚自己想要什么，他们往往是主动且积极的，做选择时也很果断，专注度也非常高。所以，热情的人，一定是可以实现自己的目标的。

很多人，虽然设定了人生的正面目标，也有着清晰的愿景，但是他们仍无法获得成功。因为他们中的大部分人，都无法让热情的种子持续生长。设计出清晰的人生目标，就如同让自己站在了向着目的地出发的起点。但是，仅仅是才出发的人，却以为自己已经到达了目的地，放松了努力的步伐，那他的结果会是怎样呢？

人生正面的目标和愿景，并不像高速电梯那样，只要按下按钮，就能带你到达目的地。它也不是在神话故事里出现的阿拉丁神灯，能让我们得偿所愿；更不是神的咒语，只要我们在内心默念，就能心想事成。很多励志书里，都常说只要心怀清晰鲜明的人生愿景，就一定会成功。因此，误导了很多人，认为人生只要有目标可追求，就一定会实现。实际上，如果在实现人生目标的过程中，不能坚定自己的信念，无法保持持续的热情，不能以正确的姿态去追求的人，是不会获得成功的。无论是实现了梦想的人，还是达到了正面的人生目标的人，都说过相同的话："只有满怀热情，去做自己真正想做的事，才会获得成功。"

名将金圭焕的热情
（名将：韩国国家奖项的一种，对社会中一些顶尖人才的奖励和称号）

出身大宇重工业的名将金奎焕，出生在五代单传的家庭。因为家庭困难，他连小学都没有上，在十五岁的时候成了少年家长（韩国说法：少年／少女家长，指家庭困难，代替家里的大人，帮助家庭获得经济来源的人）。虽然他没有任何技能，却得到了一次机会，成了大宇重工业的一名打杂工。为了报答给予他就业机会的公司，他拼命地工作。从凌晨起来打水扫院这些事情开始，他怀着极大的热情度过了自己的职业生涯。他脑子里，除了怎样能让公司变得更好外，再也没有别的想法了。

一次在餐馆，他点了一碗面之后开始祷告。他像往常那样，双手合十，祈祷起来："上帝，佛主，各路神明，逝去的父母！请保佑能够让我今天在这里吃面的公司，事业兴旺。"

然后，坐在他边上的一位老奶奶跟着来了一句："阿门。"

老奶奶是被他祈祷时的虔诚感动了。即使他是个连小学都没毕业的人，但是他一心想着公司的热情和一直努力的姿态，不论谁看了，都会被感动。金圭焕从刚进公司时做清扫卫生的杂工，一直到后来被评为名

不放弃

将，他一生有着自己的法则：

第一，勤快的人是绝对不会被饿死的。这条哲学，支撑他去做所有的事情。所以无论做什么事情，他都非常勤奋。虽然一开始只是给他安排了清扫的工作，但因为他非常认真地完成了清扫工作，他被提拔为技工。

第二，机会一定会留给准备好的人。无论什么时候，他都在努力着，准备着。虽然他连小学都没有念，但是他进行了很多学习。他掌握了五门外语，根据这点我们就能看出，他曾经付出了多少努力。

第三，只要拼命努力，没有做不到的事。他一直以此为信念来对待所有事情。他的主要成果是发明了工厂的机器。在发明机器的过程中，他从来不曾放弃。他的热情，任谁都无法赶超，而他对失败也从来没有畏惧过。

对于自己的发明，到底要失败多少次才能成功，他自己也进行过记录。他在地上放了一个奶粉罐，每失败一次，他就往罐子里扔一枚硬币。在研究发明的过程中，他每天往罐子里扔硬币的"哐啷"声几乎没有停止过。但他依旧热情不减，一心埋头研究发明。

某天，他想扔硬币进去时，却发现已经放不进去了。原来，不知不觉地，奶粉罐子已经被硬币塞满了。可即使经历过那么多次失败，他的热情也丝毫不减。只要是下定决心的事情，他无论如何都会去完成。这种意志，实在是太过强大了。

金圭焕为了公司如此热情进行的发明，使自己成了被记录在册的名将——韩国超精密技术领域的专家。他曾获得了两枚勋章、四次总统表彰、发明专利大奖和五次蒋英实奖（蒋英实，朝鲜中期文臣，学者号"粟谷"岭南学派始祖）。与此同时，为了学习和发扬金奎焕的热血人生，世界各地都向他发来了演说邀请函。金奎焕对人生的热情，使自己成为一代名将，更使自己的人生获得了成功。

当热情冷却时，请重新审视愿景

热情，来自于根据自己的核心价值所设定的人生目标，以及可以让自己内心激荡的愿景。对于那些无所事事的人而言，热情喷涌这样的事是不存在的。热情，只会在那些有自己热爱做的事的人身上出现。当热情冷却的时候，我们则应该重新审视我们的愿景。

信念，作为愿景的基石，一旦发生动摇，那热情便也会不再如以往。因此，需要重新审视本书前面所说的9个信息。这9个信息是我们内心的种子，作为我们成功的钥匙，有序地运转着。如果只有其中一个种子，我们是无法实现成功的人生的。所以我们要给所有的种子都均衡地施肥浇水，才能开出我们想要的花朵，结出我们想要的果实。

德国哲学家黑格尔曾经这样强调过热情的重要性："在这个世界上，没有任何伟大的成就，是不需要投注热情的。"拉尔夫·沃尔多·爱默生（Ralph Waldo Emerson）也说过："没有热情而收获伟大的事情是不

不 放 弃

存在的。"通用电气（General Electronic）的前任总裁杰克·韦尔奇（Jack Welch）在谈到领导者所必需的四大品德时，也将热情放在了首位。

　　热情是实现伟大成就的基础，是战胜挑战和冒险的营养来源。当遭遇失败和挫折，陷入心灰意冷的绝望深渊时，热情便是让人向着人生目标和愿景再次奔跑起来的源动力。当我们筋疲力尽，觉得艰难的时候，热情是使人重新站起来的力量源泉。

Passion
让心火燃烧

陀思妥耶夫斯基、Rain、张永宙以及"非洲圣人"阿尔贝特·施韦泽的共同点是什么?

哪怕是一秒,也请不要浪费

有热情的人,因为知道自己前进的方向,所以能够做出选择,并且专注。他们从来不会四顾张望,而是专注每一秒去努力。而他们做到如此专注,是因为克服了时间的物理性限度,抑或是因为热情中释放出的能量。我们的人生是有限的。但是,心怀热情的人,却是可以超越时间的限制的。1849年12月某天,俄国大文豪陀思妥耶夫斯基,面临着死亡的威胁。因为有煽动农民叛乱的嫌疑,他被判处枪决。站在圣彼得堡广场上,他的脸被头巾遮盖着。在不远处,士兵正用枪瞄准他的心脏。

不放弃

那一瞬间,陀思妥耶夫斯基对自己许下誓言:

"如果我能从这里活着出去,我将充实度过我人生中的每一秒,就像度过一个世纪那样,做足够多的事。我将珍惜人生中擦肩而过的所有瞬间,不浪费任何一秒。如果我还能活下来,我将不再浪费我余生的每一分每一秒。"

他在内心下定决心之后,绝望地闭上了双眼。广场上挤得水泄不通,人们都在等待死刑执行的命令。突然,广场上响起了急促的马车声。那是代替沙皇来传达命令的马车:"沙皇宣布,将陀思妥耶夫斯基的死刑判决改为流放。"之后,经历九死一生的陀思妥耶夫斯基给自己的弟弟写了这样的信:

"现在回过去看,一想起过去那些虚度的岁月,那些犯下的失误,我的心脏就像在流血一般。人生,是神赐予我们的礼物。每一个瞬间,都可能是永远的幸福。啊,如果我早一点知道,在我年轻的时候能知道这一点的话,我的人生也许就不是现在这样了。现在,我真如重生一般。"

此后的四年里,陀思妥耶夫斯基在西伯利亚度过了自己的流放生涯。流放的日子,成为他人生中最有价值的时期。在刺骨的严寒中,接近五公斤重的镣铐,几乎要拉断他的手臂和腿。但就是在这样的环境里,他开始投入了写作。因为在流放地是不允许写字的,所以他就将自己创作的小说都存在了脑海里,然后将全部内容背了下来。直到1881年他去世时,他以疯狂的热情,一口气创作了《罪与罚》《恶魔》《卡拉马佐夫兄弟》等著名作品。这些作品中的大部分,都在今天成了旷世之作。

实际上,陀思妥耶夫斯基当初被判处死刑,在圣彼得堡广场上的一幕,只是沙皇想要惩罚文坛的激进派所演的一场戏。他只是想给他们一个教训,吓吓其中的几个带头者。但是,这却成了陀思妥耶夫斯基重新开始的人生起点,并且决意不再虚度光阴,在余下的人生中投入了极大的热情。

如果不这样就会死掉

世界著名的韩流明星 Rain(郑智薰),因为对于舞蹈的极端热爱并不断努力,最后成为举世瞩目的国际明星。在小学六年级的修学旅行中,他表演跳舞。跳着跳着,他就萌生了要做歌手的梦想。从此以后,只要一有时间他就会练习舞蹈,渐渐地积累了自己的实力。高中的时候,他在自己房间的天花板上贴了字条,上面写着他的座右铭。他每天一抬头就会看到这些字条,并将上面的内容铭记于心:

一旦放松,就会功亏一篑
一定要坚持到最后
一定要努力到最后

不放弃

一定要保持谦逊

虽然每天的声音和舞蹈练习很辛苦，但是为了实现自己的目标，他付出了巨大的努力。每当想偷懒时，他的脑海中就会浮现自己的座右铭，然后下定决心坚持下去。那些座右铭，成了让他重新充满热情、重新投入练习的动力。

有一天，他和一个平时要好的大哥一起去了JYP娱乐经纪公司。在那里，他有了一次试镜的机会。在自己的偶像朴振英面前，他怀着忐忑的心情，整整跳了五个小时，一刻也不停歇。他热情投入的舞蹈表演让朴振英大受感动。在后来，朴振英这样评价他当时的试镜表现：

"在那个孩子的眼里，充满着对舞蹈的饥渴，和想要成功的急切。比起实力，这种热情更打动人。你会从他的表现里看到'啊，原来，如果不这样就会死掉'的想法。"

于是，最终Rain对舞蹈的热情使得他顺利通过了试镜，并且使自己得到了成长为世界巨星的契机。

热情是战胜懒惰的秘诀

韩国的小提琴天才演奏家Sarah Chang（张永宙），以其饱含激情的演奏而闻名。每一次演出，她都像在进行人生的最后一次演奏，倾注了所有的热情，整个身心和灵魂都与自己的作品拥抱在一起。然而，她如此优秀的表演，和她之前的勤奋练习是分不开的。她从四岁开始演奏小提琴，并且在国际大赛上获奖无数。之后，她有机会参加美国和欧洲著名管弦乐团的合演，在世界的舞台上活跃起来。对于那些向她询问成功秘诀的人，她是这样回答的：

"一天不练习，自己能够听得出来。两天不练习，同事们能够听得出来。如果四天不练习，听众们也能听得出来了。"

"非洲圣人"阿尔贝特·施韦泽（Albert Schweitzer）医生，是非洲人们永远的爱。他在自传《铭记你的热情》一书中，写下了在他人生最为重要的50岁时，所感受到的人生的价值。他这样写道：

- ★ 表达感谢　　★ 珍惜相遇　　★ 尊重他人
- ★ 随心而动　　★ 铭记理想与热情　　★ 永远像13岁一样活着

在上述价值中，施韦泽着重强调的一条是"铭记理想与热情"。

"上一代人的成就，会使得年轻的一代，对准备未来的事情充满极端的热情。但是经过了准备的过程，年轻人会觉得那些曾经打动自己的梦想，都是幻想。不过，那些对人生有深切体会的人，会对年轻人说与自己体验不同的话。他们会劝告年轻人，不要失去能够唤起自己热情的思想。因为在年纪尚轻、心怀理想的时候，人是有洞察真理的能力的。

不放弃理想的坚持,是任何东西都交换不来的宝贵品质。"

施韦泽博士认为人生最重要的价值,是铭记理想和热情。也就是说要怀有理想,并且为之付出热情。他所说的理想,即我们一直强调的人生的正面目标和愿景。他忠告年轻人,要满怀热情地度过一生。只有那样,才会发现自己在这个世界上存在的意义。

心怀热情的人,不会偏向左路或右路,而是清楚地知道自己现在需要做的是什么,并且能够专注地为之努力。同时,他们也能够轻易地克服来自周围的诱惑。而且,他们从不偷懒,会努力让自己的人生一刻不停地运转。

Passion
让心火燃烧

让世界为之疯狂的"乱打"艺术的秘密

乱打,登上了美国百老汇的舞台

　　对生活抱有热情的人,是不会一路流连的。他们会朝着自己一定要实现的目标,坚定地不断前进。对他们而言,他们的字典里没有"放弃"这两个字。无论在前进的路上遇到怎样的苦难,他们都会扫除障碍,继续前行。这样的人的一生,是充满活力的。他们的能量会在不知不觉中涌现出来,衍生出前进的力量。而且他们心中被激发的火花,也不会一下子消失。他们会紧紧抓住那些闪现出的力量,勇往直前,直到最后。所以,在那些拥有热情的人中,很多人会为自己打开一个新的领域。因为在他们心里,不断燃烧的热情,使得他们对所有喜爱的事物,都能够投入热情,努力到最后。

　　乱打,是韩国一种代表性的观光景点表演项目。外国观光客到韩国

不放弃

的时候，导游必定推荐观看乱打表演。乱打，是一种非语言类的剧目表演，包含极其生动且丰富的信息。观看演出的时候，观众会不知不觉沉醉其中。1997年10月，乱打表演在湖岩艺术大厅登场之后，便不断刷新各种记录，重新书写着韩国的艺术表演记录。2003年，在全世界艺术家的梦想舞台——纽约百老汇，乱打表演也一举获得成功。

乱打表演成为固定节目形式的成功，与PMC代表宋胜焕的热情及坚持是分不开的。最开始，他决定要做出一个代表韩国的公演作品，希望这个作品有一天能够登上百老汇的舞台。那时，周围的人都对此表示不相信。但是，宋胜焕没有放弃自己的决定。他是这样表达自己对于工作的理念的："我从来不认为我做的工作仅仅是工作。"他是将工作当作一项必须要完成的使命来努力的。他赋予这项工作的意义已经超越了工作，并将自己的热情投注其中。他没有被动等待，而是果断地挑战自己心中的梦想。因此，乱打才得以诞生在这个世界上。

乱打在韩国有着非常高的人气，但是宋胜焕并不满足于此，他把目光放在了世界级的舞台上。为了知道世界上其他国家的人对乱打的评价和反应，他决心参加每年在爱丁堡举行的爱丁堡节。爱丁堡节是非常有名的世界性艺术节，聚集了全世界都很有名的艺术家。如果乱打能够在那里得到人们的认可，那么在世界舞台上，就更有胜算了。但是，参加爱丁堡节的费用，不是个小数目。即便卖掉自己的所有家当，离那个目标还是非常遥远的。于是，他又请朋友将自家的房子作为担保，从银行里借来了钱。后来他回忆起当时的情景，坦白道："虽然当时从朋友那里借来了钱,但心里真的没有把握能还上。"当时,乱打表演的前景,还那么模糊并充满未知数。但是,他以自己不息的热情,进行了挑战。爱丁堡节上,乱打表演带来了非常劲爆的反应。这个结果,给心怀梦想的人打开了大门。也是在爱丁堡,他拿到了海外演出的签约,对方甚至连合约金都提前支付了。从那时起,乱打成功的神话便华丽展开。

世上最难看的脚,也是世上最美丽的脚

著名的芭蕾舞蹈家姜秀珍,有着世上最难看的脚。她是倾注自己的热情,挑战东亚人的极限的主角。她开始跳芭蕾舞的时候,大家都认为东方人的身体条件并不适合芭蕾。但是,她打破了这些偏见,最终成长为世上最优秀的芭蕾舞者之一。出生在学习芭蕾的氛围并不浓厚的韩国,她能够取得如此的成就,和她个人的热情及努力是分不开的。若想知道她对芭蕾的热情有多深,听听她的外号就能略知一二了。她的外号叫"钢铁蝴蝶",因为她克服了很多自身的限制条件,以钢铁般的意志挑战梦想。

姜秀珍开始自己的芭蕾生涯时已经很晚了,那时她已十四岁。尽管她进入了摩纳哥皇室芭蕾学校,但在很长一段时间内,她是芭蕾舞学习成绩最差的东亚学生。不过她并没有认输,而是刻苦训练,不断提升自己的舞蹈实力。最终,在她十七岁的时候,成为第一个在瑞士洛桑国际芭蕾比赛中获得第一名的东方面孔。

不放弃

1986年，她加入斯图加特芭蕾舞团，成为该团历史上最年轻的舞者。虽然她怀揣希望进入了这个世界顶级的芭蕾舞团，但对于刚刚脱去学生装的她，舞团里并没有一个角色能分配给她。不仅如此，由于东方面孔在西方舞团里太过扎眼，以致群舞里也没有她的位置。于是，几乎两年的时间，她连站在台上的机会都没有。

那时，她考虑过自己是否还要继续芭蕾生涯。这是她人生中非常严峻的一次考验。她在非常认真地思考了芭蕾对于自己的意义，以及自己的人生目标之后，重新站了起来。并决定付出更多努力，投入到疯狂地练舞之中。

从那时起，她开始了非常疯狂的芭蕾练习，仿佛不把舞鞋磨穿不罢休。每天一睁开眼，她就练习芭蕾。在那期间她磨坏的芭蕾舞鞋多达150双，一年则差不多磨坏了1000多双舞鞋。也正因为如此大强度的练习，她的脚成了世上最难看的脚。

但是，看到她的脚之后，很多人都会毫不犹豫地给予称赞，并称之为"世上最美的脚"。她的脚的照片，经常被人用来和韩国男足国脚朴智星的脚作对比。人们对于他们两人的脚都有一个一致的评价，那就是："要想在世上的某一个领域获得成功，就必须要付出巨大的努力才能达到。"因为姜秀珍的不懈努力，她登台的机会不断增加，最终成长为斯图加特舞团的女首席和领舞主演。2007年，她被德国芭蕾协会授予了"宫廷舞蹈家"的称誉，在过去的五十年，斯图加特舞团仅有四名成员获此殊荣。

尽管她已经四十多岁了，但仍然坚持着芭蕾表演。关于芭蕾，她是这样说的：

"活到现在几十年，我一次都没有向往过别的生活。我将自己的人生奉献给了芭蕾，并且付出最大的努力，走到了现在。所以，我的人生没有任何遗憾和后悔。"

超越障碍的热情

尼克·胡哲（Nick Vujicic）生来就没有四肢。他没有能够踢球的脚，没有可以奋力奔跑的腿，也没有能够划水的臂膀和手。他什么都没有。从小，他就知道，比起希望，更要带着绝望生活。在他八岁的时候，曾决心要结束自己的生命，因为他实在找不到自己生存的意义。他没有手和脚，无法感受生活的意义和目的，想想实在太绝望了。他就这样渐渐陷入对人生的恐惧中，最后变得越来越懦弱。

然而，当他重新找到了生活下去的理由之后，他挣脱了绝望的泥沼，重新找回了自信，又获得了活着的力量。那让我们来看看，他生活下去的理由是什么。

第一，为了父母和朋友。尼克·胡哲虽然是残疾人，但他的父母从来没有因此而觉得丢脸或对他不闻不问，也没有因此而过于宠爱他。而是像别的孩子一样，教会他独立生活的本领。为了鼓励他独立生活，父母将他送到了普通孩子上学的学校里。虽然难以置信，但是尼克·胡哲却靠着自己的努力，一直读到了大学，并且修完了会计和财务双学位。他领悟到：要想别人不带着怜悯的眼光看待自己，那他就更不能自己觉得自己可怜。因此他变得更加珍惜自己，于是他在别人眼里也看到了那份珍惜。对这个道理的顿悟，成为他人生中一个重要的契机，使他在生活中获得了自信。

第二则是目标达成。在绝望中，他树立了自己的人生目标——给予他人生活的希望和勇气。他将这个目标视为自己的使命，帮助这个世界上毫无生活目标的人，让他们找回生活的希望，感受幸福的含义。某一天，一个十几岁的少女因为听了尼克"完全改变你的人生"的演讲，向他表白了。那时，尼克·胡哲醒悟到原来自己的故事对这个世界是有用的。于是，他找到了自己的职业目标，做一名传播幸福的专业讲师。他周游了世上30多个国家，向300多万名观众传播了希望。2011年，他来到了韩国。

关于幸福，尼克·胡哲是这样说的：

"如果将幸福寄托在短暂的事物上，那么幸福也必然是短暂的。因为人的外貌会改变，财富也会来去无常。所以幸福的价值请寄托于我们的内心，而不是外表或者是银行账户。而且，维持幸福的保值，是我们一生的课业。"

他将天生的残疾视为上天赐予的礼物，而且真的认为自己的人生是美丽且幸福的。此刻，他享受着生活，是因为他对自己的人生目标及对生活的热情产生的综合效应，促使他超越了自身条件的限制。

Passion
让心火燃烧

梦想成真，2002年足球神话的秘密

停不下来的快乐

有句话叫作"天才无法战胜努力的人，而努力的人无法战胜的是真心热爱事物的人。"怀着热情做事的人，是生机勃勃的。他们身上，有着奇妙的热情，这是那些所谓天才也无法战胜的。所以，我建议大家，无论如何都要找到自己热爱的事物。一旦找到自己热爱的事物，做事的热情便会喷涌而来。只要有热情，哪怕过程再艰难，也有坚持下去的力量。所谓的害怕和恐惧，将统统不存在。而且因为在整个过程里，都是一种享受的状态，所以一般也会得到好的结果。

2002年的世界杯，在韩国足球史上留下了难以磨灭的记忆。在历届世界杯比赛中，一次都没有获胜过的韩国国家队，2002年不仅获得了第一次胜利，而且成功闯进了四强。虽然这和全体队员的辛勤付出分

不放弃

不开，但更多的人觉得是因为受到了教练希丁克的巨大影响。

希丁克教练在赴任之前，韩国国家代表队采取的是极端拼命的"斯巴达式"训练方法。但是希丁克却和他们不一样。他一次一次地向队员们强调，要享受足球。不仅在训练的时候，比赛的时候也一样要享受踢球的过程。之前队员们只是为了达到教练指定的目标，拼命地练习。但当他们明白了需要享受踢球的过程之后，便开始有了转变。慢慢地，队员们自然而然地产生了踢球的热情。而对足球的热情，也勾起了他们的自信，以及摩拳擦掌的斗志。并且队员们开始觉得，即使是比赛，也绝对不会输。就这样，通过对足球的热爱，整个队伍的应战水平大大提升，最终打进四强，完成了韩国足球史上的壮举。

帮助韩国队打入2002年世界杯四强的主力中，李荣杓误导对手的带球是非常有名的。他以出色的带球，让对手错误判断球的方向，然后将球带向其他方向，这是他擅长的特技。小时候，他看阿根廷著名球星马拉多纳带球，就为其出色的带球技巧所折服。他想，如果自己也能像马拉多纳那样带球，该多好啊！于是，从小学开始，他就努力练习足球，为此受过不少伤。因为练习带球，要将球从一边脚踢向另一边脚的内侧，所以不可避免地会受伤。但是，他并不因此而停止练习。他觉得带球练习比任何事情都有趣，并且醉心其中。自己用心热爱和享受的事情，就算流血受伤也无法停止。他的带球技能成为他的转会通行证，使他不仅在世界杯上大放异彩，更在欧洲的大牌足球俱乐部获得一席之位。李荣杓说自己踢球的理由，是由热爱而起，收获结果则是水到渠成。他由于内心的热爱而开始踢球,日积月累的练习和比赛所获得的回报,超出了他最初的目标。

朴智星也是走出韩国冲出亚洲的世界级著名球星。他说自己能够登上世界舞台的原因,也是因为对足球的热爱。对于他们而言,因为热爱,所以享受过程,所以练习过程中的苦痛便不再觉得是苦痛。朴智星的体形矮小,而且是平足。平足的人,哪怕只是长时间站立,也会脚疼。但是,他并不灰心,而是锻炼自己的体力,从不认为那些痛是痛苦,而是自己在征服目标过程中遇到的小小砾石而已。

无法不坚持的事情

网民们最想见到的人,青少年最想成为的人,就是当选为创造了和平世界的一百人之一,向世上万千的人传达了正能量的"风之女儿"——韩飞野。简而言之,她是一个非常具有生活激情的人。她曾在全球知名的博雅公共关系公司(Burson-Mastella)任职。但是,为了小时候就立下的"绕地球走一圈"的梦想,她果断提交了辞职信,开始环球旅行。

给她埋下旅行梦想的种子的,是她的父亲。她的父亲是一位舆论家,某一天送了一张世界地图给韩飞野做礼物。从那时起,她就喜欢和家人一起玩地图游戏,一起在地图上找地名。于是,她越来越熟悉世界

不放弃

地图，觉得地球上没有跨越不了的海洋，而那些远方大陆也变得不再遥远。通过世界地图，她看到了整个世界的紧密连接，也觉得自己肯定可以绕地球走一圈。

30多岁的时候，她开始实施完成自己小时候的梦想。那个环游世界的梦想，她花了整整7年才得以完成。她将自己的旅行经历写成了书，《风之女儿，独步环游地球三周半》（共四卷）这套书，一经出版即荣登畅销书榜首。在那之后，她又担任了NGO世界宣明会（World Vision）的紧急救援小组组长。每一次灾难发生，她们总是最先到达现场帮助灾民。就在那时，她发现了自己的另一种生活的价值。有人这样问她：

"你为什么不继续进行有趣的环球旅行，而要去做艰苦的紧急救援呢？"

她丝毫没有犹豫，脱口而出：

"因为那是打动我，且让我热血沸腾的事啊！"

她去国际救援小组工作的原因，并不是为了给别人作秀，也不是为了获得世人的认可，只是为了去做让自己热血沸腾的事。能让自己热血沸腾的事，想必她自己也是热爱至极的，不但享受完成它的过程，也是让自己无法不坚持的事情。在那些惨烈的、让人不忍直视的灾难现场，让她跑动起来的力量，便来自于此。

贫穷、饥寒交迫、衣不蔽体、战争、女性歧视、艾滋病、自然灾害等，非洲人民在这些苦痛中挣扎和煎熬着。每次想到他们，韩飞野的心就会不由得揪了起来。为了用心去理解、关爱和帮助那些难民，她投入了自己所有的热情。而促使这种热情产生的力量，则是韩飞野对于他们的仁爱之心。后来她著书讲述了与他们相处的故事，以及其间经历的心痛。《行军行到地图外》这本书让更多的人了解到国际紧急救援，也为青年做了榜样，让更多的有志之人加入了国际救援的事业之中。在她年过50之后，为了能更为系统地帮助难民，她去了美国留学。年近花甲之际，为了能帮助更多的人，她仍然保持着学习的热情。现在，她在联合国所属机构工作，坚守着人生的初衷，继续发挥着自己的影响力。

能让你沉醉其中的事物是什么？

在美国南北战争中，林肯任命格兰特将军为总司令。格兰特任命以后，林肯就战争的胜利说了一番豪言壮语。所有的参谋都觉得很奇怪，便问他：

"兵力和战况都没有改变，为何如此确信我们会获得战争的胜利？"

"因为格兰特想赢的决心不亚于我。"

可见，林肯是看到了格兰特想要胜利的决心，因此确信胜利是必然的。

因为成功经营，马克·图克尔（Mark Edward Tucker）从保诚保险集团（Prudential）CEO，一跃成为友邦保险（AIA）集团CEO。对于自

不放弃

己能够走到现在的位置的原因，他说道：

"还是因为热情吧。我对自己现在的工作贡献了所有的热情。只有这样，才能享受工作的过程，创造出与他人不同的结果。在这里，正直、节制和分明的态度等都是非常重要的品格。正是这些东西陪伴着我，使我的经历一直延续着。无论在什么时候，事情的本质都是简单的。"

★ 我现在所专注的事情是什么？
★ 这个事情是我喜欢且觉得享受的吗？
★ 我最喜欢，且能够享受其中的事情是什么？
★ 我的热情被激起了吗？

如果你在做事的过程中，没有感受到一丝的热情，那可能是你没有找到你所喜欢且能享受其中的事情。那么，请重新审视一次你在人生过程中所要追求的核心价值、正面的人生目的，以及为了实现它们而制定的未来愿景。因为只有去做自己喜欢且享受的事情，热情才会随之而来。

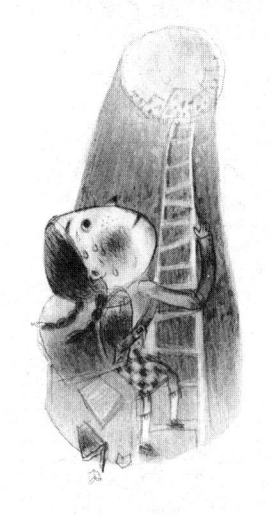

不放弃

Patience
我在慢慢地强大着

Patience
忍耐——在目标实现之前,
不放弃、忍受并且等待。

在简单且安逸的环境里，是不会产生强大的人物的。
只有通过磨砺和苦痛的经历，才能诞生坚强的灵魂、拥有强大的洞察力，
以及对工作的灵感，最终走向成功。

——海伦·凯勒

毕加索、弗洛伊德、爱因斯坦以及斯特拉文斯基的共同点是什么？

活下去，直到生命最后

忍耐，并不是让你无条件地忍受和漫无目的地等待，而是在自己的目标实现之前，不放弃、忍受等待的过程。无论遭遇再多困难，环境如何艰难，也要为了实现人生正面的目的和愿景，永不放弃，忍受并等待，这才是忍耐。

生活在最尖端的 IT 时代，近来人们生活的节奏和事物变化的速度都变得快了起来。甚至互联网的速度也成了世界上最快的。随着智能手机的诞生，我们用双手就可以解决所有事情的时代到来了。无论我们在

不放弃

世界的任何地方，都可以通过网络搜索和链接来解决事情。于是，在等待结果的过程中，人们渐渐开始失去耐性，变得心浮气躁。

我们的心境，即便在面临死亡的选择时，也一样急躁。韩国在OECD国家中，自杀率是第一位的，尤其是年轻人的自杀问题日渐严重。当苦难和逆境来临时，比起忍耐和战胜苦难，人们似乎更急着去做决定，最后往往做出了极端的选择。我们对生命的选择已经失去了耐心，这就是我们所面临的现实。

电视剧演员车仁表写就的小说《今日预报》，讲述了对于生命的尊重。在记者见面会上，他对自杀表达了自己的看法：

"在人生的节目表上，有着众多的选择，但其中并不应该包含自杀。自杀并不属于我们应该选择的范畴。人能选择的东西只有一种，那就是活下去，直到生命最后。去爱更多的人，去延续自己的生命……自杀的想法，和想要杀人的想法是相同的。"

人能选择的东西只有一种，那就是活下去，直到生命最后。极端的手段是无法解决任何问题的。

时间展望与十年法则

忍耐并不容易，因为忍耐的过程往往伴随委屈或苦痛。但是，忍耐换来的结果也是最甘甜的，无与伦比。下面我想说一个关于忍耐的故事。

斯坦福大学的米歇尔（Walter Mischel）博士以4岁的小孩为对象进行了实验。他给了孩子们每人一个棉花糖，然后告诉他们不能吃，如果十五分钟后谁的棉花糖还在，那时他会再给他一个。有的孩子等不及，一下子将棉花糖吃得精光。而有的孩子则乖乖地等了十五分钟，等着再得到一个棉花糖。

这个实验结束之后，米歇尔博士对这些孩子的未来十年进行了追踪访问，然后得出了一个惊人的结论。那些乖乖地等待十五分钟得到奖励的孩子，比起因为等不及把糖吃掉的孩子，有着更为卓越的人际关系处理能力。同时，他们处理压力的能力也更为优秀。而且在认知能力方面，他们在大学入学考试（SAT）中，平均成绩达到了125分之高。成人之后，在各种行动中，他们更有效率，有计划性，目标指向明确。

在自我激励领域强调的"时间展望"（Time Perspective），是指在想要成就一件事情的时候，更加知道需要把眼光放多长远，以及付出

不放弃

多少时间和努力。根据研究结果来看，时间展望越长的人，最后达成所愿的概率就越高。越是成功的人，越不在乎眼前的收益，而是朝着人生正面的使命和愿景，投资自己的时间，并为了实现这些使命和愿景忍耐且努力着。

有一个与之相似的成功的概念，那就是"十年法则"。瑞典斯德哥尔摩大学的安德森·爱立信（Andersen Ericsson）博士认为，如果想要在某一个领域达到顶尖的水平，那么起码要投入十年的时间，去专注研究和努力才能实现。无论什么事情，只有有明确的目的和愿景，再加上十年的努力，才可以获得成功。十年的时间，通过不断地练习和准备，倾注心血，才能达到人生的目标。毕加索、弗洛伊德、爱因斯坦以及斯特拉文斯基等，这些人被我们称为时代的天才，而且在各自的领域都有着难以撼动的绝对地位。那么他们的共同点是什么呢？那就是都忍耐了十年之久，并从未放弃过努力。

不忍耐，就没有收获

毛毛虫的人生目标，就是变成美丽的蝴蝶，在空中飞舞，给花朵和其他植物传播花粉，帮助它们繁殖，这也是蝴蝶存在的理由。蝴蝶是美丽的，但是在变为美丽的蝴蝶之前，要忍受在蚕茧内被封闭起来的痛苦,并且要经历忍耐的过程。在蚕茧内,不能吃任何东西,只能忍受和等待。将身体蜷缩在坚硬的茧壳里,在黑暗的时间里坚持等待,才能以华丽的姿态破茧而出,在空中翩翩起舞。如果没有忍耐,任何蚕茧都孵化不出美丽的蝴蝶。

有人觉得蝴蝶破茧的样子太难受,于是用剪刀将蚕茧剪开,想让幼虫在里面过得舒服一点。在这种帮助下,毛毛虫破茧变得容易了许多。但是,这样出来的蝴蝶,却无法在空中飞舞。因为蝴蝶需要在击穿茧壳的过程中,不断用力,为自己练就健康的身体和美丽的翅膀。

把中国产的竹子种下之后,主人又施肥又浇水,结果四年过去了,完全没有发芽。从外面看,竹子几乎是一点都没有生长。但是,到了第五年,竹子竟然在五个星期内惊人地长到了27米。在人的眼里,竹子看起来似乎一点都没有生长,但其实五年时间里它都在默默生根。如果种竹子的人中途放弃,不再浇水施肥,那竹子确实只有死路一条了。

我们在内心的土壤里已经播下了梦想和愿景的种子。在人生的目标之下,是为了实现人生目标所指定的、明确的愿景。而为了实现愿景所指定的具体的人生目标的种子,正在心里默默生长着,所以在心中的梦

不放弃

想和愿景结出果实之前，我们需要的是忍耐。为了实现目标不断地培养实力，不断地训练和努力。即便我们现在可能看不到任何结果，但是为了收获丰盛的果实，我们必须忍耐。就像竹子刷地拔地而起一样，我们的愿景也是，肯定会有收获的一天。

Patience
我在慢慢地强大着

如果当初不放弃……

放弃容易，忍耐太难

当下很多年轻人都梦想一夜成名、一夜暴富、一夜成功等，他们希望所有的问题都能像闪电般得到解决。在他们的意识里，仿佛通向成功有高速电梯，只需要按下按钮，所有的事情都可以得到解决。一旦事情变得复杂，难以解决时，他们就很容易选择放弃。当你回首人生时，是否有"如果当初不放弃，继续做的话……"之类的惋惜感？如果当初英语学习再努力一点点，如果在自我开发方面再多投入一点点，如果考试前再多复习一点点等，诸如此类的各种遗憾。

忍耐最大的敌人，就是放弃。若想达到目标，就需要坚持忍耐和等待。如果中途放弃，其结果也是显而易见的。只有忍耐，才能得到想要的结果。但是,人们为什么又如此轻易地放弃,然后追悔莫及呢?答案简单得出人意料,那就是比起坚持和忍耐,中途放弃要容易许多。

比起为了好身材节食又运动,舒服地躺在沙发上吃零食享受闲暇要容易许多。比起为了累积知识而辛苦流汗,直接将别人的成果拿来借用更为容易。比起为了得到自己想要的结果,不断努力和强忍苦痛的过程,直接放弃和接受享乐更为容易。但是,随着时间的流逝,当你再次回首的时候,会发现选择放弃的结局都不会太好,甚至可以说是惨淡。

为了不中途放弃,我们需要抑制瞬间冲动的力量。引起瞬间冲动的原因中,快乐因素占据了大部分。这里所说的快乐因素,即刺激末梢神经的快乐。而这些因素是妨碍忍耐的种子形成的罪魁祸首。要想抑制冲动,就需要保持瞬间快乐的能力。精神科医生 M·斯科特·派克(Scott Peck)在其著作《少有人走的路》中,是这样描述抑制冲动以及保持快乐的重要性的:

"保持快乐,就是将人生的苦痛和愉悦适当地进行排列组合的过程。即先接触人生的苦痛,并且去克服它,之后再出现的快乐,就会有加倍的效果。只有这样,人生才能正常地走下去,这是唯一的方法……因为世上没有免费的午餐,如果只顾享乐和安逸,那最后可能只有接受心理咨询师或精神科医生的治疗,才能跨过心理的障碍。"

意义治疗（logotherapy），忍耐之后的成功

为了保持快乐，抑制冲动，我们应该将目光放在忍耐之后的成功和成就感上。用一句话来说，就是要专注于我们的愿景，以及愿景实现之后，我们对于人生的思考。当这样的愿景被切实地制定，我们才可以抑制瞬间冲动，保持快乐的心情。

意义治疗（logotherapy），这种心理治疗法的创始人是来自奥地利的维克多·弗兰克（Viktor Emil Frankl）。在第二次世界大战期间，身为犹太人的他，被关押在德国纳粹的奥斯威辛集中营（Auschwitz Concentration Camp）。在集中营，他遭受到世上最痛苦的折磨，每天都生活在随时会死亡的恐惧之中，时刻徘徊在死亡的边缘，身处险境，但是他内心对于生活的希望却在萌芽和生长。他许愿一定要活下去，一定要向世人揭露纳粹的暴行，一定要重回大学教学相长。他想象着这些场面，保持着对生活的希望。他的希望的种子，在黑暗的现实之中，改变了他的想法和态度。

"那些选择放弃生活意志的人，就如已经死去一般。"他反复咀嚼这句话，因为他明白，在监狱里他无法选择不受酷刑，但是他可以选择接受苦痛的态度。虽然集中营的生活还是一如既往地黑暗惨烈，但是他都

不放弃

坚强地坚持了下来。为了点燃生活的意志，他将碎玻璃握在手中，以感受那种刺破皮肉的疼痛，并每天坚持刮胡子。因为只有每天刮胡子，脸上才不会留下颓废之气。他后来回忆道："正是因为当时的坚持，才没有使自己毁灭在德国纳粹的手里。"

最终他活了下来，并走出了那个让数以万计的人惨死的地狱集中营，而且正如他梦想的那样，他又站在了大学的讲台上。同时，通过在集中营的经历，他创作了"意义治疗"的心理疗法。他之所以能够在恶劣的环境中生存下来，就是因为在他心里的重要位置，早已播撒下愿景的种子。

如果继续的话……

在美国的西部开发时代，为了去发掘金矿，淘金者掀起了一股强大的迁移到西部的热潮。所以人都沉迷于淘金的浪潮里。那时有个人为了开采黄金，卖掉所有家当，买下了一座矿山。因为那座矿山有着产金的天然条件，他听说之前也有很多人在那儿挖到过金子。为了找到金子，他好几个月都在矿山进行开采，但什么也没有挖到，于是跌入了失望的深渊。最后，他放弃了掘金，将矿山转手卖给了别人。

新的矿主接手后，开始仔细地考察矿山里是不是有金子。在考察的过程中，发现了一个过去的矿工挖过的洞，在洞里他又发现了锈迹斑斑的十字镐和手电筒。于是，他拿起生锈的十字镐在原地挖了起来。没多久，他的眼睛里便映出了黄金的光芒。就在他挖掘的地方以下15厘米处，他挖到了黄金。之前的矿主若是再往下挖15厘米，挖到金子的人就会是他了。

在我们的人生中，也有这样的情况吧。只因没有再努力挖15厘米，就与胜利的果实失之交臂了。有时候，是因为过早地放弃，使得自己功亏一篑。就算没有一丝可改变的痕迹，我们也应坚持到成功的那一刻。因为，梦想实现的时刻一定会到来的。

"非洲圣人"阿尔贝特·施韦泽（Albert Schweitzer）曾经这样说过：
"在追求真理的路上，我们要习惯耐心的等待。即便尝试很多次，也不要失去勇气。要做好迎接失望的准备，但我们不能放弃我们的理想。"

这就是他的信念，他为了非洲原住民，将自己的一生奉献给了非洲，在原始的非洲森林的恶劣环境中度过了一生。凭着一己之力，他在恶劣的自然环境中建造了窝棚医院，也建立了病房。其间即便失败过，他也给自己打气说不要放弃。

不 放 弃

绝对不能放弃的东西，就是我们的生命。生命不应是我们能随意处置的。我们出生在这个世界上，也并非我们所能选择的，所以我们也无权选择放弃生命。就像车仁表所说的"我们的人生只有一种选择，那就是活下去，直到生命最后。去爱更多的人，去延续自己的生命。"如果把"自杀"这个词的文字顺序调换一下，那就是"活下去吧"。（韩语中"自杀"为"자살"，两个字调换之后的"살자"的意思是"活下去吧"）你看，只要我们的想法稍微转变一下，就可以有无数个继续活下去的理由。

即便我们暂时不能实现自己的愿望，也不应该放弃。有时候就算暂时无法实现，但我们也要坚持，把这个过程看作是为了更好的结果所必经的路吧。希望历经岁月的流逝之后，我们不会后悔，不会对曾经的选择发出"如果当初不放弃的话……梦想说不定早就实现了吧……"之类的感慨。要知道，想要实现梦想，就要沉得住气，在人生过程中不断学习和累积经验。

Patience
我在慢慢地强大着

每当失败，你的意志是否动摇了？

面对无数次失败，要怎么反应？

人生的成败，在于我们对待失败的态度。在我们的人生中，常常存在失败，甚至是无数次失败。而面对无数次的失败，我们要当作向成功跨越的台阶，坚持忍耐。为了实现愿景我们应该怎么做呢？

伟大的发明家爱迪生在成功发明电灯之前，进行了上千次实验，但都失败了。人们同情他，劝他放弃。爱迪生却与他们持相反的想法：
"我从不认为我失败过，那些不过是我在不断发现新的实验方法而已。"

谁都经历过失败。一定要记住，失败并不可怕，只有经过失败，才

不放弃

能达成人生的目标。这样的想法和心态，才是可能改变失败的力量。

美国人最尊敬的人物之一——林肯。林肯是尝过失败的滋味的。根据一些学者对林肯的研究，他人生中被公开的失败就有 27 次之多。虽然他在选举中失败过无数次，但是他从未停止追逐的脚步。州议员竞选失败，他就去竞选联邦议员。联邦议员竞选失败，他就去竞选上议院议员。上议院议员失败后，他开始进军副总统位置。副总统竞选失败后，他又加入了总统竞选。最后，他终于成功，当选为美国第 16 届总统。

对于自己的失败，林肯是这样说的：

"重要的不是你是否失败，而是你在失败之后是停滞在原处，还是继续爬起来向前。成功和失败的判断，并不是看我们的人生能够攀登到多高的山峰，而是看我们摔倒的时候能否转身爬起来。这时候，我们能够重新站起来的能力，就是成功的能力。"

要警惕习惯性的自我合理化

失败的时候，我们常常会习惯性地自我合理化。自我合理化，就是给我们的失败找借口。找到我们不得不放弃的理由，为自己的失败进行辩解。这样，自己就有了理所当然的放弃的理由。习惯寻找失败的理由的人，终究对所有事情都是绝望的，最终只会放弃了事。世上最可怕的，莫过于绝望二字。绝望让人变得无力，绝望的人会失去活力，不再有勇气挑战，也不会再去努力。会像那些找不到出路的人一样，产生"所谓人生，到底是个什么玩意儿"之类的抱怨。

《伊索寓言》中有一则"狐狸和葡萄"的故事。一只饥肠辘辘的狐狸，走在路上，发现了一棵葡萄树。狐狸非常想吃葡萄，于是就使劲儿地想要爬上树。可是，狐狸努力挣扎了好几次，由于葡萄树太高，它实在摘不到葡萄。于是，狐狸只好无可奈何地离开了。它边走边说道：

"那葡萄还没成熟，所以现在不吃也罢。反正味道也是不好的。"

这就是狐狸的自我合理化，明明是因为吃不到葡萄才放弃，它却说是因为葡萄没有成熟才放弃的。可能等到狐狸能找到另外的葡萄树的时候，它又会认为：啊！这个葡萄真是好吃！

当我们失败的时候，不要努力去寻找借口。如果是失误，那就干干脆脆地承认错误，然后再去寻找新的方法。当我们找到新的方法时，新的路也就在脚下展开了。

不放弃

在与"当下"的斗争中，再多付出 0.1% 的努力

任何物质的变化，都存在着"临界点"。就像冰要化成水，温度要达到零度；水要化成水蒸气，温度需要达到 100 摄氏度。不管我们想要烧开水的心情多么急切，但如果没有持续的加热，温度达不到 100 摄氏度，水是绝对不会沸腾的。所以，为了让物质发生变化，我们必须达到甚至跨过那个临界点。这就叫作"临界质量法则"。

自然界法则里面，很容易就能够知道临界点。通过温度计，我们可以测试温度，然后知道水在什么时候可以沸腾，冰在什么时候可以融化。但是，在我们人生中，在想成就一件事的过程中，想要知道临界点，是非常困难的。因为，我们没有一个像温度计那样的测量器，来具体地测试我们现在所处的环境。因此，有很多人在水烧到 99 摄氏度的时候坚持不下去了，反复纠结是继续还是停止，最后陷入绝望和失败的泥沼。

所以，为了我们的愿景能够生根发芽，结出果实，在达到 100% 之前，我们要努力和训练自己。胜利的高地，已经在前方向我们伸出手来，若是在这最后的 0.1% 时放弃，必然是让人心痛的事情。

因为火辣身材而家喻户晓的神奇主妇郑多燕，她说在获得梦寐以求的完美身材之前，体能训练是必需的。体能训练是通过举重、哑铃、跑步机等器械来进行运动，锻炼身体。只有进行彻底的体能训练，才能获得完美的身材。

但是，对于刚开始进行锻炼的人而言，体能训练并不是那么简单的。很多人都是兴致勃勃地开始，过不了多久就因为体能训练的艰苦，选择了放弃。对于那些想要放弃体能训练的人，郑多燕这样说道：

"体能训练，是与地心引力的较量，需要强大的忍耐心。根据重力，我们的肌肉会以相反的方向进行力量对抗，也就是我们要和重力进行拉锯战。当我们面对下沉的重力，想要将其抬起时，我们的肌肉就在逐渐变强，但因此我们也会感到吃力。最开始进行体能训练的时候，我们总会纠结是否要放弃，面对放弃的诱惑，我们要不断进行自我斗争。"

在与重力的斗争中，如果我们多付出 0.1% 的力量，我们就能够突破临界点了。所以，在达到临界点之前，我们是否能忍耐和等待，这个选择，将会使我们人生的结果发生改变。

Patience
我在慢慢地强大着

我人生的巅峰尚未到来

潮起的时刻终将到来

人们虽然怀揣梦想和希望,但在现实状况并不那么乐观的时候,常常会陷入绝望与苦恼之中。但是,我们必须要克服逆境,才能迎来机会。而在机会到来之前,是否愿意忍耐和等待,便决定了不同的结果。我们要认识到,当前所处的环境,不过是一时的困窘,不会永远如此。这样,我们便成功了一半。

有史以来世上最大的富翁及经营天才——钢铁大王卡耐基(Dale Carnegie),在年轻的时候从事过销售员的工作。他每天在社区里转悠,去各家兜售商品。一天,他去一位老人家里进行推销,当他进入那所房子的时候,便被眼前的一幅画吸引了,他简直不敢相信自己的眼睛。那画面，是在冷清空旷的海边，有一艘巨大的渡船，上面随意地丢放着一副陈旧的桨。在画面的下端，有画家的题词，内容让他动容：

"潮起的时刻终将到来，那时我必重归大海！"

当天回到家后，卡耐基的脑子里反复闪现着老人家中的那幅画，久久不能入睡。因为那句题词，给他留下了太深的印象，一直在他心中萦绕，挥之不去。于是，卡耐基一边铭记着那句话，一边等待着自己人生潮起的日子。即便在很长的一段艰难岁月里，他也以那句话为动力，坚强地克服了逆境。最终，他成为世界级富豪，他将那幅给予自己力量和勇气的画作买回家，陪伴自己一生。那句题词，成了决定卡耐基一生的坚实的信条。

★ 我现在所处的环境是怎样的？
★ 现在是处于无论如何都无法摆脱的黑暗现实之中吗？
★ 无论怎么努力，环境都不会变化吗？

有潮落的时候，必然也会有潮起的日子。有下坡路，必然也会有上坡路。人生也是如此。有时候，我们的人生看起来是在走下坡路或遭遇挫折，但也不应随便放弃。即便现在身处黑暗之中，也不要垂头丧气。黎明来临之前，是最黑暗的夜色。要相信，我人生的涨潮马上就会到来。

不放弃

这一切，终将过去

某天，大卫国王把能工巧匠都传唤到面前，说：

"给我制造一枚上面刻字的指环。指环上的字，要在我打胜仗的时候，警示我不要骄傲自满；在我绝望和灰心的时候，鼓励我不要屈服于挫折；在我需要力量的时候，能够给予我勇气和希望。"

听完国王的话，工匠们陷入了巨大的苦恼之中。到底刻上怎样的字，才能满足大卫国王所有的要求呢？他们绞尽脑汁，最终还是没能想出一句合适的箴言。于是，他们便向以智慧著称的所罗门王子求助。所罗门平静地听完工匠们的诉说，写下了如下箴言：

"这一切，终将过去！"

工匠一看，这句话完全符合大卫王的要求啊，于是将其刻在了指环上。

我们也应该在内心铭刻这样的箴言。就如它所言，我们人生所遭受的失败和挫折，终将过去。我们要相信，阴霾散去的日子终会到来，现在的每一刻我们都不能轻言放弃。

洞穴和隧道，虽然都是洞，意义却大相径庭。洞穴和隧道的进口是一样的，但出口却是完全不同的路。进入洞穴之后，路越来越黑。而且找不到通往另一端的出口，往往要重新回到起点。稍不注意，还会找不到来路，迷失方向。

隧道却不同。虽然长长的隧道也看不到尽头，但是一步步往前，终会看到出口。即便是漆黑一片的隧道，一旦过去了，再回过头看，会发现它什么也不是。实际上，隧道和捷径是一样的。爬上崎岖的山路，翻山越岭，那长长的隧道，是通往出口的捷径。但是，如果因为眼前漆黑一片，看不到出口，就中途放弃或回到起点，那将是世上最愚蠢的行为。所以，我们应该将当下所遭遇的苦难和困难，视为通向幸福的捷径。

我人生的巅峰尚未到来

下面是伯顿·布雷利（Berton braley）的诗作《世上最美的诗还未诞生》——

世上最美的诗还未诞生。
世上最美的房屋还未造就。
世上最高的山峰还未征服。

不放弃

世上最长的大桥还未搭起。
所以，不要害怕，不要急躁。
也无需退缩。
机会，正在走来。
世上最伟大的事情还未开始，
世上最伟大的作品还未完成。

为了不屈服于现实，为了奔向我们的愿景，我们要相信，我们人生的巅峰尚未到来。现在，机会正在向我们迎来，在愿景实现之前，我们要忍耐和等待。即便现在的境况并不如人意，但是请期待，潮起的日子终会来临。即便遭遇苦难，我们也要深信，这一切，终将成为过去。有时候，生活就像行走在洞穴之中，看起来出口像是被堵住了，没有出路。但是，我们应暗示自己，我们并不是走在洞穴之中，而是在隧道里面。我们要磨炼自我，在内心装满未来的希望，播下忍耐的种子，使它生根发芽。因为，我们人生的巅峰尚未到来。

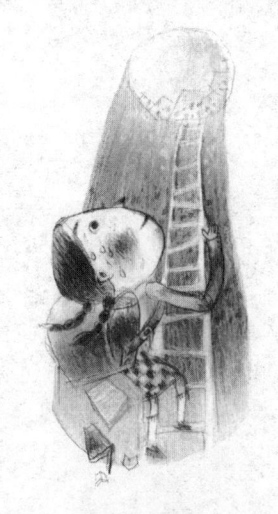

不 放 弃

Positive
不是危机，而是机会

Positive
肯定——指我们无论在怎样的环境中，都能够选择最有希望的、肯定的、正面的想法、语言和行动。

人们无法完成梦想的一个原因,
是他们没有改变自己的想法,却想去改变结果。

——约翰·马克斯韦尔(John Maxwell)

Positive
不是危机，而是机会

按照所思所言去做

今天的想法，造就明日的自我

随着我们想法的改变，人生也在发生着变化。就像磁铁对钢铁的吸引一样，我们的人生，也被想法的走向而牵引。无论周边的环境如何艰难，只要我们有着乐观向上的想法，生活还是会按照我们所想的方向去走，最终得到我们想要的结果。反之，如果我们只关注困难本身，便会很容易有受挫感，成为浑身携带负能量的一个人。如果常以否定的眼光去看待生活，则会引出一系列不够积极的行动，最终只能收获失败的人生。

无论我们身处何种环境，都要怀有希望和正能量。怎样艰难的环境中，我们都要保持肯定、正面的思维、行动和表达方式。只有这样，我

不放弃

们的境况才会随之变得乐观且充满希望。

即便有清晰的愿景，如果不能进行正向的思维和积极的行动，则可能因为他们否定、负面的想法而抓住了行动的脚踝。"我要去求职的地方，一般只有名牌大学生才去""以我的学历，没有能够去挑战的地方"等诸如此类的借口和否定的想法，只会让人认为自己无能，从而导致自己还未尝试就选择放弃。这些人的特点是以为只要变换了环境，自己的想法也会跟着改变。但是，对于这些人来说，环境不会得到一丝改变，问题也永远不会得到解决。因为每一次行动时，他们都认为自己是无法做到的。

去非洲的两名推销员的信

有两名推销员为了向非洲人民销售鞋子，去做了市场调查。因为非洲将要作为一个新兴市场来开辟，他们要去调查非洲市场的可行性。两人都怀着极大的希望，信心满满地到达了非洲大地。但到了非洲之后，看到的情景让两人都傻了眼：非洲人都不穿鞋子，平常都是赤脚行走的。

他俩在非洲跑了很多地方，做了一阵子的实地考察。然后，两人分别将考察结果发邮件给总部。

一个推销员是这样写的：

"想要向非洲出口鞋子，几乎不可能！非洲人根本就不穿鞋子，所以卖出鞋子的可能性为0。"

另一个推销员的邮件内容是这样的：

"发现了一个巨大的黄金市场！因为非洲人都没鞋子穿，所以这个市场的成功率是100%。"

两个推销员去了同样的地方，面对同样的市场，最后发出的邮件内容却大相径庭。一个推销员带着否定的眼光看问题，所以觉得进军非洲市场的可能性为0。而对于乐观向上的另一个推销员而言，不穿鞋子的非洲人民都是他的潜在顾客，所以他觉得市场的成功率是100%。

我们的人生也是如此。即便在相同的环境中，带着否定眼光看问题的人，只会看到事物不好的一面。不论做什么事情，在他们眼中都没有成功的可能性。当这类人遭遇失败时，他们只会将原因归咎于外部条件。他们常常认为，原本自己的事情可以做得很好，只因为外部环境或是周围人们的影响，才导致了事情的失败。而且，对于每一件事，他们都抱着批判的眼光。比起事物的长处，他们往往最先看到的是短处。当看到一个人的短处后，他们就会去片面地评价这个人。所以，常以否定眼光看事情的人，别说成功的人生了，就连幸福的人生都很难获得。

不放弃

比起短处，以乐观眼光看事情的人更容易看到的是事物的长处。比起失败的可能性，他们更容易看到的是成功的可能性。对于失败，他们更喜欢从自身找原因，而不是将错误归咎于外部。在他们眼中，失败不过是帮助自己再次爬起的台阶。对他们而言，失败，只是实施过程中的一次误差而已。即便别人犯了错误，他们也会因爱而选择宽容，再次给对方机会。所以，对于挑战，他们毫不畏惧。他们认为，挑战越多，成功的机会也就越多，他们相信自己最终会到达想要到达的目标，实现幸福的人生。

在印度的一个村子里，住着一只老鼠。那只老鼠因为害怕猫，不敢轻举妄动，隐秘地生活着。一位神仙看到老鼠可怜巴巴的样子，心生怜悯，于是将它变成了一只猫。变成了猫的老鼠，高兴得手舞足蹈。但是，不一会儿，它就想到："哎呀，狗太可怕了，我最怕狗了，怎么活啊？"于是，神仙又将它从猫变成了一只老虎。但是，变成了老虎之后，它又因为害怕猎人而夜不能寐。于是，神仙无可奈何地叹息，并对它说：

"我还是把你变回老鼠吧。因为不论你变成了什么，你都改变不了一颗做老鼠的心，这也是无可奈何的事情。"

这只老鼠从来看不到自己的长处和值得肯定的一面，总是生活在最坏结果的忧虑之中。做老鼠的时候，它害怕那只还未出现的猫。变成猫之后，它又因为狗的存在而一动也不敢动。当变成了百兽之王——威武猛虎之后，本来只需要号令林中百兽就可以幸福地生活了，它又偏偏担心起了猎人的出现。

有时我们也像那只老鼠，对那些还未发生的事情，预先做出推测，并因此而担忧。我们总是想象着最恶劣的结局，并且非常坚定地相信这些都是自己即将遭遇的。我们对此深信不疑，并产生恐惧。这样的想法，也就导致了一事无成。

我们成了程序设计的那样

我们的想法，就和电脑程序一样。结果的导出，往往取决于给电脑输入了怎样的指令。如果是被具有否定思维的人在电脑上写入与之相关的程序，那么，我们的想法，就如同染上了各种电脑病毒。电脑一旦感染了病毒，就会中途死机，或者突然自动关机了。这将会导致电脑里的重要文件遗失，令人遗憾。最终要想清除病毒，也就只好重装系统，将之前的程序全部删掉。

我们的大脑也是同样的道理。当大脑中发现了病毒，也要将其清除，并为它装上新的程序。当否定的想法膨胀时，要将其清除干净，然

不放弃

后在大脑内植入肯定的想法。因为肯定的力量，不仅是健康的能量，也是决定我们人生成败的重要因素。通过回答以下的问题，来测试一下，在自己的内心，到底安装了怎样的程序。

- ★ 你一般多持有怎样的想法，是肯定正面的，还是否定的？
- ★ 看待事物的时候，你首先看到的是长处，还是短处？
- ★ 看待周围人的时候，你是以批判的眼光，还是赞赏的眼光？
- ★ 对于未来的事情，你预测的结果是什么？
- ★ 当遭受失败时，盘踞在你脑海中的想法是挫折感，还是挑战和希望？
- ★ 对于你的未来，你觉得会怎样？是黯淡无光的灰色人生，还是华丽耀眼的玫瑰人生？

Positive
不是危机，而是机会

不良少年，成了世上最优秀的医生

最丑恶的与最美好的

有一位国王，召见了两名民间艺人。他命令其中一人，去找到世上最丑恶的东西。又命令另外一名，让他去找到世上最美好的东西。两人接受了国王的命令后，出宫去，开始认真地寻找这世上最丑恶和最美好的东西。没过多久，这两人便找到了答案，回到国王的面前。于是，国王就让他们说说关于他们找到的东西。两人找到的答案原来都是"舌头"。

这则故事来自于犹太人的智慧书——《塔木德经》，主要是讲说话的重要性。舌头代表我们说话，怎么使用舌头，决定着语言是抚慰心灵的良药，还是刺痛心灵的毒药，这就是说话的重要性。我们平常所说的话，就像是对我们自己所说的预言。也就是说，我们用嘴说出怎样的话，我们的人生就会发生怎样的改变。而我们的行动，也在跟着我们所说的话而不断变化。

韩国俗语中，有很多是关于说话的重要性的。有一句是："语言，也是种子。"即说话就像播种。那些从口中吐出的话语，就像种子一样，会在我们内心的土壤里生根发芽。即便我们意识不到，那些落入我们心底的话，也会悄悄地获得生命力，慢慢地生长。随着时间的推移，那些播下的种子，就会结出果实。如果说的是肯定的话，那人生也是朝着肯定的方向行进的。如果说的是否定的话，自然只会得到否定的果实。如果说出的是沮丧认怂的话，而你又想收获一个成功的人生，那么即便你奋力挣扎，恐怕也是徒劳。因为，我们的收获，来自我们的播种。

语言是有生命的

日本作家江本胜的《水知道答案》，是一本足以说明语言的威力的作品。他将清澈的水，盛在干净的杯子里，然后像与人对话一样，对着水说话。他还给水听了音乐，给它看了文字，然后他拍下了水结晶时的状态。神奇的事情发生了：他对它说爱与感谢的那杯水，结出了最完美的结晶体，非常清晰地呈现出六角形的结晶状态。相反，他给它看了恶魔的文字内容的那杯水，结晶的中央部分呈暗黑状态，并且是一副想要攻击周围的样子。当说感谢时，水会生出规则透明的结晶形态。当说混蛋、傻瓜、好烦、要死了等负面语言时，水结晶的颜色就会变成巧克力色，就好像小孩子遭受了暴力之后的样子。而听了音乐的水，结晶还会根据音乐类型的不同而不同。

我们的身体 70% 都是由水组成的。所以当他人对我们，或我们对他人说出否定的话时，我们的身体也会做出相称的反应，因此也就会影响健康。反之，我们的身体若是听到了肯定的话语，便会形成美丽的结晶体，也会活得健康。

江本胜对米饭也做了相似的实验。他把米饭放在同样的两个玻璃瓶中，一个瓶子贴上"谢谢"，一个瓶子贴上了"你去死吧"的内容。然后每天让两个小学生，对着两个瓶子，各自念字条上的字。一个月过后，出现了让人震惊的实验结果。对它说"谢谢"的那瓶米饭，随着时间发酵了，散发出扑鼻的酒曲香味。而被灌输"你去死吧"的那一瓶米饭，变成了黑色，发出了腐烂的恶臭。

米饭，是活着的微生物。它听到肯定或者否定的话，也会做出相应的反应和变化。由此我们应该知道，我们平时听到以及我们说出的话语，都是多么地重要。

不放弃

请尽量说肯定的话语

美国约翰斯·霍普金斯大学（Johns Hopkins University）医学院小儿神经科博士——本·卡森（Ben Carson），完成了世界上第一例连体双胞胎分离手术。他不仅出版了自己的书籍《野心勃勃》，也成了拥有"妙手仁医"美称的优秀外科医生。但是，就是一个这样优秀的他，在年少的时候，却是一名不折不扣的不良少年。他出生于密歇根州底特律市的一户贫民家庭。在他八岁的时候，父母离异，由母亲独自一人抚养。那时候的他，整天和不良少年在一起，到处惹是生非。他学习成绩非常差，小学五年级的时候，还不会算数口诀。甚至在数学测验中，一道题都答不对。曾经这样的一个他，是因为什么发生了后来的变化呢？

一次，记者采访他的时候问道：

"是什么，成就了今天的您？"

他答道："是我的母亲——索尼娅·卡森（Sonya Carson）。在我成绩落后，并且因为黑人身份被人嘲笑的时候，母亲一直在身边鼓励我。她自始至终都告诉我：'本，只要你坚定决心，没有什么事情是做不到的。只要你努力，一定会做得到！'就是这样，母亲的话给了我极大的鼓舞和勇气，使我努力前进。"

就是在母亲长期不断的鼓励下，本·卡森开始将注意力放在学习上。因为重新充满了热情，所以他的成绩很快就赶上来了。并且通过自己的努力，考入了著名的密歇根大学医学院。最后成为著名的"妙手仁医"。

曾经的不良少年、末等少年、遭受冷眼与嘲笑的黑人少年，他之所以能够成为世界上最优秀的医生，是因为他的母亲一直对他说："本，你能行的！不论做什么，只要你努力，就肯定可以！"

对于那些克服逆境和苦难，获得成功的人而言，他们身后，一定有着那么一个人，一直给予他勇气和力量。就是一句鼓励的话，产生了伟大的结果。所以，我们不要吝啬赞美的话，不要单纯地以为那只是一句肯定的话，我们要尽量说肯定的话。在足球比赛中，如果我们自始至终只坚持防守，那么比赛是无法取胜的。只有主动发起进攻，将球踢入对方的球门，才有可能赢得比赛。同理，我们也要积极主动地多说肯定的话，少说那些批判对方、打击对方的话。因为只有积极地去说那些鼓励对方的话语，才能唤起对方内在的潜力。

检查自己所说的话

2011年，韩国教育开发院对首尔、全罗南道、忠清南道地区的1260名小学生、初中生及高中生进行了与脏话相关的语言习惯调查。80%的学生承认自己在小学时就开始骂人了，只有5.4%的学生回答说

不放弃

自己是绝对不会使用骂人的脏字的。每天要骂人一次的学生占了 73.4%。而对于骂人的原因，比重最大的回答是因为"习惯"，占 25.7%。

语言，代表着一个人的人格和品格。根据一个人的语言表达，能够推测出他的成长背景。因为他的想法，也是由他的语言来传递的，即语言可以对照出他的一切。

有时候，那些有着社会地位的人，会因为一句不妥当的言语，使自己一生努力建立起的名誉，瞬间倒塌。即便仅仅是一次失误，但说出来的话就如泼出去的水，无法挽回。因为，人们是根据一个人所说的话，来判定他的世界观、价值观及人格的。语言的影响就是如此之大。请根据下面的内容，来检查我们自身的语言习惯。

★ 在和周围人的交流中，我们使用的是怎样的言语？

★ 当我们想要实现的目标没有完成时，会说怎样的话？

★ 我们是否会盯着别人的短处，说出批判或指责的话？或是看到别人的长处，说称赞的话？

★ 打量自己的处境，我们会对自己说怎样的话？是只会看到眼前的境况，说一些受挫和沮丧的否定性的话语，还是会把眼光放长远，看向未来的梦想和愿景，期待人生目标实现的那一天，并不断安慰并鼓励自己？

Positive
不是危机，而是机会

画出理想中的自己

我们眼中的自己是怎样的？

　　我们要确立一个健康的自我形象，能够使我们在任何境况下，都能保持希望的能力，能够正向思考、说话和行动。"自我形象"一词，在词典中的解释是对于自我的价值及存在的自我看法。换句话说，就是对于自己是怎样一个人、自己有多大价值的判断，也叫作自画像。

　　自我形象与自我尊重有着非常紧密的联系。自我尊重，是指在自己内心深处，感受到的对于自己的感情。懂得自我尊重的人，会认为"我是个不错的人，我喜欢我自己"。反之，则会认为"我这样一无是处，真是太讨厌我自己了"。懂得自我尊重的人，能够建立一个健康的自我形象，但一旦认为自己是一个毫无用处的人时，就会形成否定的自我形象。

不放弃

健康的自我形象，是我们实现人生目标与愿景，获得成功与幸福的决定性的、核心的因素。我们的人生会随着我们的思维、语言及行动发生改变。而成为其基础的，便是自我形象。

能够认识到自身的价值，认为自己很珍贵的人，无论做什么事情，都会自信满满。他们会很自然地想象出成功的画面，他们坚信这是必然的结果，并根据这样的预想来行动。因为他们拥有健康的自我形象——"我是能够做到、能够成功的人"，所以，即便遭遇失败，从长期来看，他们最终还是会成功的。

相反，如果自我形象比较低，则会认为自己没有得到爱和认可的资格，会认为自己是个彻头彻尾的失败者。虽然他们也有值得满足和骄傲的时候，但他们常常会觉得"这一次不过是我运气好而已"，对自己的价值进行自我贬低。然后，还是会依照他们的思维，得出与他们的想象一致的结果。

国王的演讲，治愈内心的伤

妨碍我们建立健康的自我形象的因素中，有一个是内心的伤。所谓内心的伤，指曾经受伤的感情。如果在感情上受过伤害，却不能自我疗愈，就会产生掩饰伤口的防御机制。防御机制会歪曲感情，形成一个否定的自我形象。所以，如果内心还有曾经的创伤，则无法建立起一个健康的自我形象。而那些伤，大部分来自曾经听到的中伤或侮辱的话，抑或因为小时候没有从父母或周围人那里，得到足够的爱。如果创伤长期没有愈合，那么他们在后来无论做什么事情，比起正面的想法，更容易将目光投放在那些否定的因素上面。

有一个人，当他用手摸头的时候，会感觉到头疼；摸肚子的时候，会觉得肚子痛。当他去摸腿的时候，又会觉得腿也不舒服。他摸到身体的任何一个部位，都会感受到疼痛。他以为自己得了不治之症，去医院检查。检查结果出来，原来他不是患了不治之症，而是他的手指骨折了。因为手指骨折了，所以手触碰到的地方，他都感觉到疼痛。内心的创伤，也和这个是一个道理。

第 83 届奥斯卡金像奖的大赢家——《国王的演讲》，就讲述了内心的创伤对于人生的影响的故事。主人公乔治六世，并不是排在首位的王位继承人。其兄长爱德华八世为了迎娶离过婚的辛普森夫人而放弃了王位，成就了"不爱江山爱美人"的佳话。之后，乔治六世才得以继承王位。在他刚刚加冕的时候，便爆发了第二次世界大战。那个时候，广播是非常重要的政治传播工具，希特勒就是通过广播发表演说，向世界兜

不放弃

售他的纳粹主义的。当时，为了迎击威胁到英国的纳粹德国，英国需要强有力的政治领导力量。但是，乔治六世有着严重的口吃病。他只要一看到麦克风，就会全身僵硬不自在，一句话都说不出来。口吃，成了英国国王的弱点。

为了治疗口吃，他去了曾经是英属殖民地的澳洲，找到语言治疗师莱昂纳尔·罗格（Lionel Logue）。罗格在治疗乔治口吃的同时，帮他将小时候内心受到的伤害引导出来，记录在册。小时候有过口吃的艾伯特（乔治六世），常常被人嘲笑是结巴，尤其是他的大哥——王位的第一继承人温莎公爵。并且，他的父亲乔治五世，也常常教训他"好好说话！"。本来艾伯特是左撇子，但因为严格的礼仪，他不得不被矫正过来。乳娘为了能够吸引国王乔治五世的注意，常常故意掐艾伯特的脸蛋儿，惹得他哇哇大哭。而他的弟弟——约翰王子，因为从小患有癫痫，所以一次都未曾出现在公众面前，最终13岁时凄凉离世。乔治六世小时候的这些阴影，在罗格医生的引导下被一一吐露出来。这样在打开心扉的同时，乔治六世的口吃也被渐渐治愈了。这部电影，是以真实的故事为基础拍摄的，它将童年创伤给人带来的影响，以及创伤治愈的过程，以略带幽默的视角进行了精彩的展现。

创伤的治愈，从他敞开心扉，讲述自己不能正常说话的原因开始。所以，治愈学者们建议，一定要把使自己内心痛苦的经历倾诉出来。当你能够把自己最真实的一面表现出来的时候，便是治愈的开始。

治愈内心创伤的另一种方法，是多关注自身的长处，不要把目光放在缺点或弱点上。如果只盯着短处看，注意力则会一直集中在"我真是一无是处"之类的消极想法上。即便自己不够强大，有很多不足，也要积极去寻找自己身上值得肯定的优点。去发现原来自己可以做得很好，并发现自己也有喜欢甚至擅长的东西。以此为原点，重新开始自己新的生活。不要去关注周围的环境，把眼光放在可能性和愿景上。对于自己想要实现的未来，投注更多的关心，慢慢地你就会发现，内心的伤口，已经在不知不觉中消失得无影无踪了。

恶毒的狼和善良的狼

有一些印第安人，想要将他们所拥有的人生智慧，全部传给自己的子孙。每当爷爷要给子孙们讲述经验教训的时候，会让孙子坐在自己的膝盖上，然后开始说：

"孩子啊，所有的人，内心都有两匹狼在激烈地斗争着。一只是恶毒的狼，是愤怒、嫉妒、绝不宽恕的心，是骄傲自满、懒惰等纠结成一团的负面情绪。另一只则是善良的狼，是爱、亲切、谦逊、节制、希望和勇气。这两匹狼，在人的内心深处，一直在打架。"

不放弃

孙子听了之后，问爷爷：

"爷爷，那它们谁打赢了呢？"

"当然你喂养的那只狼胜利了。你给哪只狼喂食，就意味着你是选择了善还是选择了恶。"

在我们的内心，也一直有一只恶毒的狼和一只善良的狼在打架。我们所持有的想法，便是我们的食物。根据我们的想法，狼也跟着成长起来。如果是善良的狼赢了，那就意味着我们建立了健康的自我形象。我们的思维、语言及自我认识，都是对自我形象有着决定性影响的要素。

★ 你人生中那个使你痛苦的伤口是什么？

★ 是什么让你的自尊受到伤害，使你产生强烈的自卑感？

★ 你最心痛的时候是什么时候？因为什么？因为它，你的人生发生了怎样的改变？

★ 如果你的人生中没有这个伤口，或者当时没有发生那样的事情，你的人生会发生什么改变？而你又会感受到什么？为什么会那么认为呢？

我们对以上问题认真地做出回答后，就会发现自己内心的伤口，并且治愈它。当我们内心的伤口得到治愈，就能建立起一个健康的自我形象。

奥普拉·温弗瑞成为脱口秀女王的秘诀

感恩,是一种选择

感恩,是指无论在任何情况下,都要去寻找事物本身正面的因素,并对此表达出感谢的话或行动。是否怀着感恩的心,在于我们如何去做出选择。一颗感恩的心,会决定我们选择什么。在艰难的环境中,是选择感恩,表达对苦难的感谢,还是选择表现厌烦、灰心或挫折感,都是由我们的心决定的。

只有有了要感谢的事物,才能够反问:"难道不是值得感谢的吗?"在我们的人生中,那些委屈的事,让人愤怒的事,不能如愿的事好像更多。在这种时候,还要保持一颗感恩的心,并不是一件容易的事情。但是,并不是因为需要感谢的事情很多,我们才要感恩。而是我们形成了感恩生活的习惯之后，内心会慢慢变得强大，会发现需要感谢的事真的很多。在困难的处境之下，只要我们努力去寻找值得感谢的正面因素，就可以发现事物美好的一面，并充满感恩。如果没有感恩的心，只会成为充满抱怨和不满的人。这样的人，在生活中会对那些负面的因素关注更多。比起相信一切都会变好，他们更愿意相信什么都是不可能的，没有什么变好的可能。没有一颗感恩的心，只会关注到自身的不足，只会与别人所拥有的东西进行比较，对那些他所没有的东西产生更多的关心，不会懂得知足。

奥普拉·温弗瑞的感恩日记

奥普拉·温弗瑞（Oprah Winfrey）是在全世界都有着很高人气的"奥普拉·温弗瑞脱口秀"的灵魂人物，也是深受美国人们尊敬的女性。她的过去却十分不幸。童年时期，她每天都过着置身地狱般的日子，对生活，没有一丝活着的欲望和追求，曾经她的体重飙升到过107公斤。但是，就是那个黑黑胖胖、强烈自卑的她，却在某一天，开始梦想成为脱口秀女王。

让她发生如此变化的，是她一天都不会落下的"感恩日记"。虽然她是全世界最忙碌的人之一，但她每天都还在坚持写"感恩日记"。她每天会找出五件值得感谢的事情，并记录在日记本上。她所记录的感谢的内容，并没有宏大的故事背景，也没有华丽的故事内容，大部分都是平常得不能再平常的日常生活。

★ 感谢今天也能按时从床上爬起来
★ 感谢今天让我看到了难得的灿烂阳光和蔚蓝天空
★ 感谢今天的午餐让我吃到了美味的意大利面
★ 感谢我今天没有朝那个同事发火,感谢我的忍耐
★ 今天读到一本很好的书,感谢那本书的作者

在日常生活中,只要有值得感谢的事情,不论在哪里,她都会马上掏出笔记本记录下来。或早上起床前,或晚上睡觉前,不管什么时候,在回顾一天的经历时,她都会记录那些她觉得值得感谢的事情。比起寻找一个宏大的感谢的主题,她更愿意记录平常生活中每一件朴素的、值得感谢的小事。随着时间的推移,她也会重新检查那些感谢的内容,去审视感谢标题的变化。而且,每当有时间见到别人的时候,她也会记录下与那人见面时自己的感受,包括喜悦之类的表情,都不会落下。就是以这些内容为基础,她成了那个在电视上能够引得1.4亿观众又哭又笑的脱口秀女王。

奥普拉·温弗瑞说她从"感恩日记"里学到了两点:第一,明白了人生中最重要的是什么。第二,学会了如何去对准人生的焦点。感恩的习惯,帮助奥普拉·温弗瑞战胜了不幸的过去,成为成就今天的奥普

不放弃

拉·温弗瑞的能量。

去关注那些值得感谢的

爱迪生小时候，家里一贫如洗。因为家庭条件的困窘，他连小学教育都没能正常完成。但是，爱迪生并没有抱怨和感觉不公，而是在那样环境里，去寻找自己能做的事情。因为贫寒的家境，他曾卖过报纸。为了节约时间，他将自己的实验室搬到了卖报纸的货车上，对实验投入了极大的热情。因为在货车上实验失误，引起了火灾，他因此被列车长狠狠扇了一个耳光。就是这耳光，造成了他的听觉障碍。即便如此，爱迪生还是倾注了所有的心血，通过自身的努力，成了电气专业的一代名匠，更成了世界著名的发明家。曾有一天，一名记者这样问爱迪生：

"您有听觉障碍，是怎么发明三百多件物品的呢？"

"因为我的耳朵听不见了，所以才能更专注于发明。我身体的残疾，对于我的发明，从来都不是阻碍。我残留的微弱的听力，反倒是上天赐予我的礼物。因为世上太多的噪音，不值得浪费时间和精力去理会。"

爱迪生从不对自己所处的环境有所抱怨，而是怀着感恩的心，度过自己的每一天。对感恩地度过自己一生的爱迪生而言，听觉障碍并不是他的苦难，而是能使他发挥更多想象力和创意的天赋。

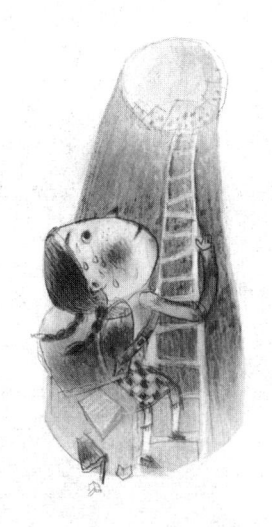

不 放 弃

Honesty
正直，是人生成功的向导

Honesty
正直——指我们无论在何种环境之下，都绝不弄虚作假，而是以正确的行动和语言，赢得他人的信任的品质。

在这世界上,没有任何东西,能比你的正直和诚实帮助你更多。

——本杰明·富兰克林

Honesty
正直，是人生成功的向导

如果你想成功，首先请做一个正直的人

强调道德的社会

正直，是指我们无论在何种环境之下，都绝不弄虚作假，而是以正确的行动和语言，赢得他人的信任的品质。真正的正直，不仅仅是存在于内心的想法，也是我们从内到外的表现。而且，我们的所作所为能够给他人以信赖感，才能够称之为正直。

最近，经常在电视上看到一个叫作"福不福"的综艺节目。福不福游戏的魅力，在于每个人都只要保证自己不被抓住就可以了。整个游戏中，穿插的都是非常有趣的活动。比如不得不吃的玉筋鱼酱，还有在冰天雪地里置身冰彻肌骨的溪水中，或者是落后者必须独自旅行等。在我看来，这些活动虽然有趣，但这个游戏却是可怕的。

不放弃

这个游戏放到我们现实生活里，也是适用的。很多人就是抱着"只要我不被抓住就行"的想法，做出很多不妥当的行为。很多人都怀着自己不会被抓住的侥幸，但是当周围的人犯错了，或有人因非法利益而犯罪时，他们却会对这些行为表示深恶痛绝，而且还会高声呼吁一定要根除此类社会毒瘤，该行为真是非常讽刺和荒谬。

在我们的社会中，一定程度上，人们对于那些非法谋取利益的行为，好像都是睁一只眼闭一只眼的态度。大家都认为，如果不那样的话，升职无望，求职不会成功，更无法出人头地。没有一个人能站出来，牵制住恶性循环的怪圈。即便有人站出来了，反倒会被认为是有问题的，他们会刁难他说："你又有多干净啊？这世上哪有一尘不染的人呢？既然如此，你又有什么资格来指责我？"大家都这么说，也就没人站出来了。即便还有人勇于站出来，问题也不会得到任何解决。

再去看看人才录用结果，或政府重要干部任命之前的人事听证会，就会发现我们对这样的事并不那么宽容，没有一个人是轻轻松松就通过考核的。即便是非常特殊的人才，也可能因为不道德的行为，最终名落孙山。因为这样的事，不仅对于个人是种损害，对于整个国家，也是一种损失和让人忧虑的事情。正直，不是可有可无的品质。想要成功又幸福的人生，就必须正直。不正直，无法获得成功，更无法成为社会发展中的领导者。

今后，我们的社会将更加强调透明性，那些品德不佳的人将不会再顺风顺水。这一切，随着社会的进步，都在向我们一一证实着。以后要想成为公职高官，或是社会发展中的领导者，将会以更挑剔的道德标准来进行评判。现在，我们的政府在录用人才的时候，已经对人的道德水准及岗位适配性，有着好几个阶段的分级评价制，来进行人才考核。其中首要的标准，就是正直。

世上最美丽的花朵

在这个世界上，想要正直地生活下去，并不那么容易。生活在这个现实的社会，大多数年轻人都徘徊迷茫着。因为激烈的社会竞争，随时像悬崖尽头不是你死就是我活的殊死之战。本来自己真实地、正直地生活着，结果却发现自己落在了众人的后面。在激烈的竞争中，比起过程，大家更关注结果。这样一来，大家渐渐觉得，无论使用怎样的手段，只要能够赢得竞争，迅速地坐稳自己的位置才是王道。在如此激烈的竞争环境中生活，再期待他人的照顾或拥有一颗纯净之心便变得困难起来。

从前有一位国王，他认为只有拥有更多正直的大臣，才能更好地管理国家。为了寻到更多正直的人，国王给百姓发放了花种。并且规定，

不放弃

谁的花照顾得最好，开得最漂亮，谁就会得到奖励。而谁的花若是开不了，便会得到惩罚。所有百姓都为了能够养出最漂亮的花而用心地给花浇水施肥。

终于，到了检验成果的时候。百姓们都将自己培养的、开得正艳的花搬到了国王的面前。在现场，大家都在互相比较到底谁的花更漂亮，都希望能够在评比中夺得魁首。几乎所有的人，都是带着花正开好的花盆来到现场的。唯有一个少年，他捧着空空如也的花盆微微发抖，带着对惩罚的恐惧。国王越过那些捧着花的百姓，径直走到了少年跟前：

"哼！你的花呢？你怎么带着一个空花盆来了？"

少年答道："领到种子之后，我拿回家认真地栽培，可是花却怎么都不开。所以我只好拿着空花盆来了。"

少年战战兢兢地向国王说明了事实，为将要受到的惩罚感到恐惧。国王看着吓得浑身发抖的少年，说道：

"看来只有你培养出了正直的花朵啊！"

国王召拢人群，告诉大家他找到了最正直的人，就是那个少年。他说：

"各位！这个国家里，最正直的人，就是这个少年。因为我发给大家的种子，明明就是炒熟的花种。炒熟的花种怎么能够发芽？怎么能够开花呢？"

原来国王为了试探百姓，将不能开花的种子发给大家。然后有些人便为了能够得到奖赏，或为了不受惩罚，在花盆里种下别的花种。国王将少年带回王宫，并进行了良好的教育。后来，少年成了宰相。

那些为了一时的利益，为了不受到惩罚，没有坚持正直的人，是不会得到重用的。即便得到了重用，那样的人，也会随着时间的流逝而暴露出自己的真实面目。为了在激烈的竞争中存活下来，或者希望在竞争中成为赢家，那些不择手段去取胜的人，未来也并不是一片光明的。即便一时获得了眼前的利益，但是终有一天他们会后悔的。这便是人生的法则。我们不应该被扭曲的成功价值及幸福基准所蛊惑。为了获得真正的成功，成就我们所期待的未来，即便付出再多的时间，即便一时落于人后，我们也不必惊慌，而要坚持正直的行动。

正直，是人生成功的向导

在英国谚语中有这样一句话："如果希望这一天过得幸福，那就去理发店理发吧。如果希望这一周过得幸福，那就去结婚吧。如果希望这一个月过得幸福，那么去买马吧。如果希望这一年过得幸福，那么就去买一所新居。但是，如果你希望获得一生的幸福，那请做一个正直的人吧。"

在韩国的《去见金济东》一书中，著名的 MC（主持人）金济东向

不放弃

小说家李外秀（韩国小说家）问道："人应该怎么活着呢？"李外秀这样回答他：

"首先要具备实力和人性吧。如果不道德和与人勾结，能让你的人生变得更为轻松，而选择正义会让你的人生变得为难的话，你会选择什么呢？可能有人会说自己会选择不道德的行为，那我就会反问他们最希望怎么活着？很多人最大的希望是像人一样活着。所以不要失去人性，其他一切都是浮云，千万不要像禽兽一样活着。"

韩国 EBS 的节目中，有一个叫作"Docu-prime——孩子们的私生活"的记录类栏目。在栏目中，韩国首尔大学教育学教授文永琳对于道德的重要性，这样说道：

"虽然出人头地、获得成功是重要的，但人生最后的底线应该是道德。即便你获得了所谓成功，有了出息，但如果违背了道德，则无法感受到在世上生活的意义和价值。到了人生最后会发现最重要的东西，是遵守道德，是否遵守道德决定人生是否活得有意义。"

或许现在的选择会让我们的人生不那么轻松，会有不利，但也请正直地做人。正直的人在一起，才能构建一个公正的社会。只有社会公正了，才能给所有人都提供平等的机会，使所有人都有获得成功的可能。我们应记住，在人生最后的岁月，评判我们人生是否成功的尺度，是正直。

Honesty

正直，是人生成功的向导

凡事应做到无愧于心

没人看见你的时候

我们生活在这个世界上，总要感受到别人的目光。我们生活在别人面前，说话和做事都经过了包装，是为活给别人看。但是，当身边没有人的时候，我们会放下面具，露出本真面貌。而正直，应该是我们的真实面貌，不是人前的伪装。正直，不是在别人能看见你的时候，你要表现出的品质。而是在没人看见的时候，你所做出的选择。没人看见你时，你选择谎言还是真实？选择坚持正直还是放弃正直？这是非常重要的。

如果在没人看见的时候，也能做到正直，那就需要我们对自己正直。只有自己对自己做到了正直，才会在任何情况下都没有谎言，选择

不放弃

正确的行为。反之，如果我们对自己都不能做到正直，无法从心底做到坦坦荡荡，那么我们也将无法堂堂正正地站在别人面前。即便别人赞扬我们，我们也会因为自己没有真正做到问心无愧，因为做错了事情，而感到受之有愧。在应当做出正确选择的时候，因为别人的目光，而做出错误的选择，是让人难过的。那样无论在什么位置，我们都无法施展自己真正的能力。

米开朗基罗是意大利具有代表意义的建筑家，也是非常伟大的画家。在他的伟大作品中，有一幅面积足有六百平方米的梵蒂冈西斯廷教堂的天顶壁画。在绘制壁画的时候，有一次他爬上支架，以躺着的姿势绘制天顶角落的一个人物。当时他正专心致志、小心翼翼地在那儿画着，他的一个朋友走了进来，问他：

"喂！那么一个小角落的人物，都没人看得清楚。你何必吃这苦头那么认真地画呢？你这么认真并追求完美，又有谁会知道呢？"

米开朗基罗回答说：

"我自己知道呀。"

他就是这样，对于那么高的天顶的一个微小角落，他也精益求精。虽然边边角角的图案，即便不那么精细，也不会有人注意到。但他却是一个无论何时都选择正直、选择忠于自己的人。

像哈佛大学和耶鲁大学这类美国名校，在做实验的时候，是没有督导的。甚至有时候，学生可以在宿舍做实验，只要在期限内提交结果就可以了。尽管没有督导，但是大部分学生都会选择诚实地完成实验。这是因为他们从小就接受了关于正直的教育，对不正直的行为，会以之为耻。因为，比起得到并不光彩的第一名，名誉上的失败是他们更为关注的。正直的人的精神和内心都是非常健康的。无论在怎样的环境中，他们都不会迷失自我和失去自信，而是带着坚定的信念活着。

在韩国 EBS 的节目《Docu-prime——孩子们的私生活》中，曾经做过这样一个实验：观察孩子们在没人看管情况下的行为，以及他们是怎样面对诱惑的。在没有别人的情况下，仍然能够保持正直的孩子，与那些不能坚持正直的孩子相比，有着更优秀的自制能力。正直的孩子，也有着很强的自尊感。无论做什么，他们总是更有自信，更有活力。传统观念认为一旦选择了正直，就可能会对自己的生活造成损害。这个实验的结果，打破了传统观念的看法，并且证明了，只有正直地生活，才能更有力地参与社会竞争。

正直的总统——林肯先生

美国第十六届总统林肯，就因其正直的品质而著名。在他青年时期，曾经有一个外号叫作"正直的亚伯（Abe，亚伯拉罕昵称）"。22 岁的时候，林肯在伊利诺伊州新塞勒姆的一家杂货店做店员。一天，在结束营业之后，林肯结算当天的收入，结果发现多出来六美分。他又重新计算，怎么算都多了六美分。于是他仔细回想，好像白天的时候，老主顾安迪老奶奶买东西时，自己少找了钱。于是，林肯关了店门，踏着夜色，走了很远的路，终于找到安迪奶奶的家。当他向安迪奶奶归还这六美分的时候，安迪奶奶非常惊讶他的出现，对他说：

"喂，年轻人！你就因为这六美分在大晚上跑这么远来的？"

林肯说："这不是六美分的问题，即使一美分，我今天也应该赶来还给您。"

安迪奶奶说："话虽如此，但是下次我去店里的时候，你再给我也不晚啊。"

"不行，今天的错误，就要在今天纠正。"

安迪奶奶感慨道："你真是名不虚传的正直青年啊！以后你一定会成为大人物的！"

通过这件事，可见林肯正直的品德。从那以后，林肯就有了"正直的亚伯"这个别称。

林肯参选伊利诺伊州的议会议员那年，其支持党的总部给了他两百美金的竞选基金。虽然两百美金不算是个小数目，但是在竞选中需要的，要比这个数目多得多。大部分政治家都要花掉比预算多出几倍的钱，并且这已经成为选举的一个惯例。

选举结束后，林肯当选了州议员。然而在清算竞选基金的时候，他发现还剩下很多钱。于是，他把剩下的钱重新寄给政党总部，并写了一封信：

"选举会场的费用我自己支付了。去各个游说场的时候，我是骑马去的，所以没有花交通费。不过和我随行的人里面上了年纪的那些人，在途中口渴的时候，我给他们买了饮料，花掉了七十五美分，发票我一并附上请参考。"

林肯附上的七十五美分的消费明细，让所有人都大为吃惊。这件事情传开之后，林肯便成了"廉洁政客"的代名词。

通过一个人的言行，我们可以确认他的品性。有一句话，强调了为人正直的重要性——或许你可以欺骗所有人一时，也可以一直欺骗某个人，但你无法一直欺骗所有人。

逃难路上的还债人

韩国 6.25 战争爆发前，韩国玻璃工业（株）式会社的崔泰涉会长，

不放弃

向首尔的一家银行贷了款。6.25战争爆发后，他不得已要去釜山避难。在离开首尔前，崔会长一心想着要把银行的钱还了再走。于是，他去了银行。战争爆发后，只要有点钱的人，都想着怎么逃跑。但崔会长却反过来，主动抱着钱来到了银行。当他到了银行，告诉银行职员自己是来还钱的，让对方拿出账本的时候，银行职员面露难色说：

"在这兵荒马乱的时候，您是来还钱的吗？现在贷款账本都不知道到哪儿去了。账本的一部分不知是被大火烧了，还是遗失了，反正现在是找不着了。而且那些借钱的人现在都不还钱了，我现在也不能收您的钱呐。"

职员的话音刚落，崔会长便反问他：

"现在有没有借钱的凭证，都不是问题的关键。而是我明明借了钱，难道我应该赖账不还吗？"

最后，崔会长还是还了钱，在收据上让银行职员盖章做了证明。

6.25战争结束后，崔会长又开始重新创业，打算东山再起。但当时战争刚刚结束，所有的行业都还没有复苏，所以他急需资金支持。实在没办法，崔会长便找到了当初那家银行的釜山总部。但因为战乱，银行告诉他现在无法借钱。灰心的崔会长在下楼之前，想确认下战争前还掉的钱是否得到了妥善处理。于是他拿出了还款收据，让银行确认。当看到收据的时候，银行的职员大吃一惊。因为银行圈内一直流传着那个战前也不忘还钱的美谈，万万没想到那个传说中的人物出现在了自己的面前。于是，那个职员赶紧带着崔会长去找了行长。最终崔会长在那个艰难的时期，奇迹般地借到了运营资金，而且是无担保。这难道不是得益于他自身的正直品质吗？后来他凭着借来的资金，将自己的企业越做越大，成就了"韩国玻璃工业（株）式会社"的事业。

虽然账本被烧掉了，即便还了钱也可能没人知道，但崔会长无法欺骗自己的心。在这个世上，我们最无法欺骗的，就是自己内心相信的信义之道。坚持正直地做人，即使在艰难处境下，也能发出耀眼的光芒。

Honesty
正直，是人生成功的向导

请培养敢于正直的勇气

茶山丁若镛的叮嘱
（丁若镛，号茶山，朝鲜时代大学者）

想要做一个正直的人，那就不能说谎。说谎就是明明在做一件事，却说没有做。或是明明没有做一件事，却说自己已经做了。明明知道不是事实，却说得像真的一样。谎言，有时候是为了规避某种危急的状态，有时候是为了向他人表现自己，有时候是为了得到自己想要得到的东西。

有时候人们为了逃避自己所处的不利环境，会选择说谎。也有时是为了更快地解决问题，而选择说谎，试图通过走不正当的捷径来解决问题。还有时候，人们是为了更快更容易地实现自己的某个目的而选择说谎。

我们一旦说出一个谎言，就会为了圆这个谎，不断说出更多的谎言。在真相被揭穿之前，我们要持续地说谎，才能自圆其说。最后，本真的那个自我渐渐消失，只剩下满口谎言的自己，终其一生。

当今社会，常常以出人头地的速度，来判定一个人是否成功。在判定成功与否时，大家觉得更重要的，是你拥有多少财富和物质，而非是否正直和诚实。所以，人们便不择手段、千方百计去追求想要达到的目的。可能会选择不正当的手段，也可能因此说谎成性，但是为了达到自己的目的，一切都变得不那么重要了。

但是，谎言只能应付一时的危机，真相总有被揭穿的时候。看看众所周知的高危公务员职位——人事听证会，我们便可以明白了。很久以前做过的事或者是选择，都会被一股脑儿挖出来，大白于世界。所以，无论想怎么掩盖曾经做过的不道德的事，最终纸还是包不住火的。即便没有公之于世，自己的内心也会受到良心的谴责，一辈子无法坦坦荡荡地活着。

朝鲜时代的大学者——丁若镛，号茶山，因为政治迫害，被发配到康津流放十八年。虽然他远在流放地，和家人分隔两地，但他常给子女写信，教他们做人的本分。后来这些书信收集成书，即《流放地书信集》。书中，他提到了对于谎言的看法：

"从父辈到兄弟，甚至家族至亲，他们都有缺点，偶尔也会犯点过失。但我一辈子，从来没有包庇过谁，也没有为谁而撒过谎。我们家族之中，我父亲的三兄弟与真川公兄弟、解座公兄弟、至善公等，一生都光明磊落，从未说过一句假话。我活到现在，经历了世上形形色色的人，即便那些高官贵爵所说的话，公平地来看，十句话里面也只有一句是真的。不知道在首尔城内长大的你们，有没有学会那些撒谎的话。无论如何，从现在开始，不要再说谎！"[1]

谎言，是正直最大的敌人。如果从小便说那些即便无心的谎言，慢慢地日积月累，最后就会发展成为不当的行为。为了让正直的种子在内心持续地生长，我们要学着接受那些可能带来不利的事，学着去承受苦痛。

在权威面前，也请挺直腰杆

当和权威正面交锋的时候，很难坚守正直。若自己的顶头上司，或是负责管理自己的人，面对他们的指示，则更难坚持原则。美国的社会心理学家斯坦利·米格恩（Stanley milgram），他在耶鲁大学的在职教师中，进行了一个关于道德的"服从实验"。他招募了一些教师，让这些教师负责在学生答错问题的时候，按下电流冲击机的按钮。实验结束后参加的教师都会收到四美金的酬劳。按钮一共有十个类别，各自代表不同的电流：15V、30V、45V……老师每按一次按钮，学生的痛苦就会随之加剧。但是，实际上，电流冲击机根本就没有通电，那些痛苦的呻吟和喊叫也是假装的。

在实验之前，米格恩先对教师进行了问卷调查。调查的内容是：如果有人要求你去做一些非人性的事情，你会听从他吗？结果有92%的人回答"绝对不会那样的"。根据问卷调查的结果，米格恩认为只有极少数人会受到电流冲击机的惩罚。

但实验结果是，米格恩的预测结果过于乐观了。足有65%的教师，按下了最高电流级的按钮。因为耶鲁大学的权威和自身权力的威力，以及参加实验的四美金报酬所要求的义务，65%的教师在实验中选择了放弃正直。所以最后得出的实验结论如下：

正直的品性在与权威交锋的时候，常常会受到胁迫。对方或许是比自己地位高很多的人，也可能是保护自己利益的相关人物，这时候人们便常常会放弃信念或意志。要想坚守道德底线，就需要意志和勇气。为了坚守正确的、合乎道德的价值观，我们要拒绝诱惑，更需要和不正当的行为做斗争，

不放弃

甚至于挑战权威。尽管遗憾，但坚守道德底线的意志和勇气，也绝不是一下子就可以产生的。[2]

我们都需要勇气

拒绝谎言，揭露真相，我们需要勇气。真正的勇气，是在应该说不的时候说"不"，在做错事的时候不狡辩。同时，也要能够承受，因为说出真相而带来的不利后果。有时候在周围人火辣辣的眼光中，甚至还要有忍受自尊受挫的勇气。

1954年，奥普拉·温弗瑞出生在密西西比州的科修斯科。她是个私生女，在外祖母家寄养到六岁。随后，她便搬去和以做家政谋生的母亲一起生活。十三岁，她又被送到已经结婚的父亲的家里。九岁的时候，她不幸被堂兄强奸，之后又被母亲的男友，以及别的亲戚施以性虐待。十四岁的时候，她曾经生产过一名早产儿，但是孩子生下后不久便死去了。她年轻的时候，还曾吸食毒品。

在她的脱口秀节目中，当着全球观众的面，她直面自己的过去，将自己的成长故事坦诚相告。她率真的坦白，打动了观众的心。参加她的访谈节目的嘉宾，因为她的坦白，也真实地讲述了自己的故事。

正因如此,"奥普拉脱口秀"才在全球范围内风靡起来。同时,她被选为世界最有影响力的女性之一。现在,人们不再关心她过去是如何生活的,只会记住"奥普拉脱口秀",记住她通过节目传达的快乐、宽慰以及爱。

Honesty
正直，是人生成功的向导

只有正直，才使人信赖

信任，源于正直

　　正直的人，往往给人很可靠的信任感。虽然，我们在做一些正直的事情时，会担心给自己带来损失。但实际上，我们所担心的那些事并不会发生。信任一个人，是需要时间的。在经过一段时间的交往之后，就能知道对方是不是值得信任的人。而要获得信任的基础，就是做一个正直的人。这不是短时间内能够体现的品质。

　　不管你实力多么优秀，能力如何突出，如果不能坚守正直，则不会被人信任。自然，也不会有人愿意将事情交给你去做。所以，在决定性的时刻，你可能就不会得到重用。人是如此，企业也是如此。如果拥有正直的企业文化，企业就会得到消费者的信任。有了消费者的信任，自然就会带来销售额的提升。所以，不论是个人，还是企业，只有拥有正直的品质，才能得到他人的信任，才会有好的结果。

百货大王约翰·沃纳梅克（John wanamaker 1838—1922），他从服装店开始创业，慢慢展开了别的生意。在当时，他创造出了一个全新的概念，叫作"顾客权利"。所谓顾客权利，就是以顾客为上帝，研究顾客的需求，为顾客提供服务的经营原则。约翰·沃纳梅克制定的四大经营原则如下：

1. 实行正价销售
2. 标示出商品的品质，给予消费者知情权
3. 一定要现金结算
4. 消费者可以随时退换商品

当时，一般服装店的衣服都是不标价格的。因为当时交易流通非常混乱，买卖商品的人们互相都不信任。商家可以随心所欲地定价销售商品，而顾客也不信任商家，不会按照其价格交易，一般都会讨价还价。约翰·沃纳梅克认为这些都是不正直的行为，为了大家能够互相信任，顺利交易，他导入了"正价销售制度（明码标价销售）"。而更具突破性的是，当顾客觉得商品不合心意的时候，可以百分百进行退换。在当时，一旦交货付款，交易就算结束了，从来没有退货和换货的说法。他

不放弃

要正直地运营商店，周围的朋友都担心他，担心他因此影响生意。但是他坚持了自己制定的原则，进行了经营的改革。渐渐地，顾客们开始被他的经营理念所打动，开始对他产生信任。获得了信任的小店，渐渐成长了起来，成为扩展为百货店的跳板。

约翰·沃纳梅克在做商品广告的时候，也是坚持正直的原则。他常常和职员说："向顾客说明商品的时候，一定要诚实地说明商品品质，以及商品的价格，正当地进行销售。"有一天，广告部的一个职员，将销售不佳的一款领带的广告语这样写：

"价值1美金的高品质帅气领带，现在25美分就可以带回家！"

于是，约翰·沃纳梅克将广告的负责人叫到了面前问道：

"这个领带，在你看来真的很帅气吗？"

负责人诚实地回答："坦白说，看起来不怎么样。"

然后广告负责人笑着去修改了广告语：

"价值1美金的高品质领带！25美分就带回家！尽管它看起来样子一般。"

这则广告发布后，该领带的销量激增，甚至卖到脱销，需要预定才能买到。

谎言，是国家灭亡的根源

岛山安昌浩（韩国近代独立运动家）进行独立运动的时候，认为最重要的，是一定要坚持一颗正直的心。他认为韩国落入日本人手中的原因，就是那些不正当的行为，所以说"谎言是国家灭亡的根本原因"。因此，安昌浩认识到要想重新建国，就需要重用正直的人，于是他创立了兴士团。凡是想加入兴士团的人，都必须通过安昌浩的面试。面试是通过问答形式进行的，通过问答内容，我们可以得知安昌浩是多么重视正直的品德。以下内容，就是安昌浩和面试者的对话：

安昌浩："谎言是什么？"

面试者："谎言是欺骗的行径。"

安昌浩："为什么谎言是不正当的呢？"

面试者："因为与'道'不符。"

安昌浩："它怎么不符合'道'了？"

面试者："谎言是违背道的，只要对照自己的良心，就会知道了。"

安昌浩："所以说，不论是谁，只要质问自己的良心，就可以知道说谎是对还是不对。但是，不能撒谎的理由又是什么呢？"

面试者："如果撒谎，或者欺骗他人，就会失去别人对自己的信任。"

安昌浩："如果别人不信任'甲'君的话，怎么办呢？"

不放弃

面试者:"如果别人不信任我,那我就什么都做不成了。没有信用,能做成什么事情?"

(中略)

安昌浩:"那么,能够让我们国家真正独立起来的力量是什么?"
面试者:"摒弃谎言。"
安昌浩:"如果要摒弃谎言,我们需要做些什么呢?"
面试者:"坚决杜绝撒谎的行为,对一切欺骗行为都坚决抵制。"
安昌浩:"谁来做?"
面试者:"我们的民族。"

(中略)

安昌浩:"所以说'甲'君要从今天开始摒弃谎言,成为一个正直的人吗?"
面试者:"是的,除此之外,别无他路。"
安昌浩:"确定吗?毫不犹豫?"
面试者:"我一个人摒弃谎言,成为一个正直的人,并不那么容易。但是能够完全服从我自己的人,这世上也只有我自己。"

岛山安昌浩一直认为，只有正直的人越来越多，才能复兴国家。于是他主张进行"人格革命"，并且领导了独立运动。他坚信，只有正直的人，才能让国家重新站起来。

永恒不变的真理

因为泰诺而有名的制药公司——强生公司（johnson & johnson）在20世纪80年代曾遭遇了巨大危机。1982年，有人在泰诺里下毒，致使一名市民服药身亡。公司的经营层虽然对这个事件没有直接的法律责任，但是对于这件事情的处理方法，大家展开了激烈的争论。讨论的结果是保护顾客的生命安全，是比公司经营更为重要的事情。于是，公司决定，召回市场上所有泰诺产品，然后集中销毁。此举使公司蒙受了巨大的经济损失。并且，公司为了杜绝此类事件的再次发生，重新研发了药品的容器，重新投入市场。当时的总裁詹姆斯·伯克（James Burke）不顾公司其他高层的反对，果断地将整个事件公之于世，勇敢承认公司的失误，并且恳求世人的原谅。

言论公开后，公司的形象得到改观，树立了一个对消费者和社会都负责的企业形象，因此得到了更多的社会信任，促进了公司的成长。在关系到公司存亡的危机中，强生公司因为选择了正直的处理方法，勇于

不放弃

承认错误，并恳请公众的原谅，带来的结果则是公司的股价涨到了前所未有的高价。市场占有率也比事件发生之前上升了35%。并且，该公司在当年度还被评选为"最值得尊敬的公司"。在当时那个只追求利润的时代，johnson & johnson 以其社会责任感和良心经营的行为，在业界赢得了先头地位。

纵观韩国历史，从三国时代（韩国的三国：百济，高句丽，新罗，大约存在于中国唐朝时期）之前的时代开始，任何一个王朝和国家的灭亡，其原因无一例外都是统治阶层的腐败，以及权力斗争。即便巨大的罗马帝国，也是因为这样的原因，使得国家一夜倾覆。无论在哪个时代，统治阶层所持有的观念，都是决定一个国家兴衰的关键所在。

实际上，在人生的长河里，人们多少都会有动歪脑子的时候。但是，正直和正义最后会取得胜利，这是一个永恒不变的真理。我们绝对不要为了一时的利益，抛弃生活的原则和信念。

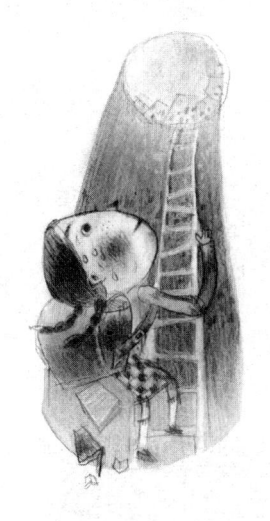

不 放 弃

Self-control
是选择主动自我管理，还是选择受控他人？

Self-control
节制——是不要因为欲望的诱惑去做那些妨碍自己达成人生目标的事情，而是一定要去做自己应该做的事。

我不确定,节制是不是人天生的一种能力。
但是我知道,无法做到节制的人,最终将会自掘坟墓。

——Maya Manes(美国女作家,批评家 1904—1990)

Self-control

是选择主动自我管理，还是选择受控他人？

节制，是实现自我管理的前提

放弃"只试一次"的想法

节制，并不是要求人什么都不能做。什么都不做，不叫节制，而是过度的懒惰。节制在字典里的解释是"控制以不过度，限制以合适且适当"，即指在做事的时候，不要不足，也不要过度，能适当调节的能力。简而言之，就是自我调节的能力。不去做妨碍自己达成人生目标的事情，而是去做那些自己应该做的事，这种自我管理的能力，就是节制。自我管理，是帮助我们打开成功且幸福的人生的钥匙。无法做到自我管理，就无法实现成功的人生。

想要做到节制，我们就要有管制自己的能力。如果不能管制自己，问题就会接踵而至。那些沉迷于互联网、游戏、电视机、智能手机及赌博等之中的人，都清楚地知道，自己应该戒除这些瘾。但是，尽管很想如此，最终却因为无法克制自己，做不到有节制地生活，导致身败名裂等恶果。

那些不能管制自己的人的特征，就是常常抱着"只试一次"的想法。每次的"只试一次"，直到后来一次次"这次是最后一次"的保证。但是，结果是一次，两次，三次……然后无法控制，停不下来了。不能看的视频，要尝试忍住不看。不该吃的东西，一定不要伸出勺子。不该说的话，请一定忍住不要脱口而出。节制的开始，就是放弃"只试一次"的想法。

感情上的节制，决定你的人格

林肯总统不仅有着正直的品德，也是一个非常节制的人。特别是感情的节制，是他在完成奴隶解放事业的过程中，非常重要的品德。林肯当选为美国第16届总统，为了发表就职演说，到达议会的时候发生了一件事。当时，很多议员对于林肯的当选是不认可的。因为林肯既没有很好的受教育经历，也没有殷实的家境。因此，某些议员就利用这些弱点来中伤林肯：

"林肯，你父亲曾经为我做过鞋子。而且，我们在场的很多议员的鞋子，都是你父亲做的。如此卑贱的出身却当选为总统的人，大概除了你再也不会有别人了。"其他议员听了这样的话，跟着发出嘲讽的笑声。但林肯并没有因此动怒，他面容平静。沉着地闭上双眼，站了一会儿。然后，诚恳地说道：

"议员先生，谢谢你让我在就任演说前，重新回想起父亲的面容来。如你所言，我的父亲是一名做鞋子的艺术家。如果他为你们做的鞋子有什么问题，请及时向我反馈，我一定会帮你修好。虽然我的手艺，和过世的父亲的实力是无法相比的。"

本来那些议员想要利用林肯的出身，给林肯来一个下马威。但他们听了林肯的话，羞愧得低下了头。林肯语言上的节制，以及人格的包容，使其形象变得高大起来，也让那些议员对他刮目相看。

如今的年轻人，不怎么能够接受别人的否定。对于来自周围的劝告或者是忠告特别敏感。对于善意的劝告，也会做出极端的反应。连日来新闻上充斥的那些关于老师和学生之间的矛盾，大部分都是因为学生不听老师忠告的结果。一个人如果连自己的情绪都控制不好，只会带来感情上无谓的浪费和伤害。这样的人，也是无法成就大事的，只会让周围的人心情难受。

柳一韩博士的韩国柳

1885 年出生于平壤的柳一韩博士，在 9 岁的时候依照父亲的意愿到

不放弃

美国留学。他在美国学习的时候，为了独立斗争，进入军事学校学习，然后在那里遇见了朴容万，开始践行"为了民族与社会而活"的人生抱负。

之后，他在美国的事业取得了很大成功，但为了实现报效祖国的理想，他毅然决定回国。归国之后，为了国民健康，他开始创立制药公司。公司 Logo 是韩国柳的图案，那是来自徐载弼博士的礼物。徐载弼博士送给他韩国柳木刻画，寄望他归国后要为国民奉献，要成长为粗壮茂盛的韩国柳。柳一韩为了养成这样的意志，将韩国柳的形象作为公司的精神象征。以韩国柳精神为中心的公司，有着这样的运营方针：

竭力制造优质商品，为国家和同胞奉献，培养正直且诚实的人才，创造更多的就业机会，遵法纳税，用盈利做公益，继续回报社会。

公司如他所愿，迅速成长起来。而且赚来的钱，他又重新还与社会。正直一生、勤勉奉献的他，在1971年3月11日，留下一纸遗言之后，溘然长逝。

他留给孙女柳一玲一万美金，供其完成学业直至大学毕业；留给女儿柳再拉柳韩学校内的土地5000平，希望女儿将此作为柳韩的动产来好好打理，但必须保证这片土地可以供学生们尽情玩耍和休息，不能圈起来隔离。对于儿子柳一善，他则分文不留，因为他觉得既然儿子已经受过大学教育，将来独立生活是必然的。余下的财产他全部交与韩国社会及教育信托基金，用于有意义的社会事业和教育事业！

他离开这个世界后，只留下了两双皮鞋和三套西服，以及日常的生活用品。他拥有很大的事业，但他爱国的心却从未改变。他一生生活节制，直到生命的最后一刻。柳一韩博士节制一生的事迹，流传到今天，而其创立的柳韩洋行至今仍然是大家信任的企业。

富兰克林的第一品德

本杰明·富兰克林为了实现完美的人格，树立了十三条道德戒律。在十三条戒律中，排在首位的就是节制，为了实现这一条，他付出了不少努力。以节制为首，他将静默、条理、决断、俭朴、勤勉、诚恳、正直、中庸、整洁、宁静、贞洁和谦虚这十三条作为自己一生的习惯，并且用超过五十年的时间来训练自己。他之所以将节制放在如此重要的位置，是因为他认为，只要拥有了节制的美德，那么余下的十二种品德也都能实现。他在自传中，曾这样描述他的想法：

不放弃

"将节制放在十三条戒律的首位,是因为我们要保持条理清楚和头脑清醒,就必须时常小心,避免失误。形成这样的习惯,才不会陷入不断出现的诱惑之中。"

为了实现完美的人格,富兰克林从节制开始,按照十三条道德戒律的顺序,一条一条地训练自己。因为在他的心里已经播下了节制的种子,所以节制之外的其他十二条道德要求对他而言并非难事,这就是节制的威力。对富兰克林而言,节制就成为他训练自己养成十三种美德的基石。

Self-control

是选择主动自我管理，还是选择受控他人？

请管理踌躇彷徨的心

戒盈杯，管理心灵的酒杯

"如果内心做不到正直，那么将无法看到真正看到的，无法听到真正听到的，无法尝味真正吃到的。所以，请赐予我一颗真实的心，以及勇敢的力量吧！"这句话告诉我们，管理自我的内心是一件多么重要的事。如果去看那些讲述人生智慧的书，我们就会知道，正确地管理我们的心灵，非常重要。

那些不易动怒的人，比起勇士之类的人，是更勇敢的。
因为，比起攻城略地，管理自己的心灵更为不易。
那些无法控制自己内心的人，就如同失去了城墙的城。
那些内心焦躁的人，无论如何明智，与那些不易动怒的

不放弃

人相比，都是略显愚蠢的。

如果不能管理自己的内心，那无论做什么事情，都很难成功。因为所有成败的根源，都来自于内心的力量。在我们内心深处，欲望和梦想一直都在斗争着。所谓欲望，就是指对自己所拥有的不满足，觉得一定要拥有另外的某种东西，或者是强烈追求享受的心。被欲望缠身的人，从来得不到满足。这类人为了得到自己想要的东西，常常不择手段。在他们的人生词典中，没有"节制"一词。他们只会聚焦在那些自己想要达到的目的上。在他们内心，贪欲和梦想常常交织在一起，互相拉扯。如果内心充满贪欲，那节制就是很难形成的品德。

有一种叫作"戒盈杯"的酒杯，有提示人们不要装满酒杯的用途。戒盈杯是为了警示人们不要饮酒过量，酒只能倒满酒杯的70%，如果超过，酒就会自动漏掉，一滴不剩。所以人们也称之为节酒杯。传说此酒杯为中国古代帝王所制，是为了警示人们保持正确的言行处事之道。为了抑制和警示人们要控制欲望，古代帝王常常将戒盈杯作为随身之物，以警示内心之用。

当时孔子看到这个器皿后，对弟子们教育道："即便有大智慧，也要保持求知之心；即便立下了汗马功劳，也要保持谦让；即便勇猛无敌，也要保持收敛；即便富可敌国，也要保持谦逊。"孔子以此传递了节制的美德。

在朝鲜时代,著名的实学派学者、科学家河百源和陶瓷名匠禹明玉一起烧制出了戒盈杯。这个酒杯被朝鲜后期的一位巨商林尚沃所收藏。他将戒盈杯放在身边,时刻警示自己要克制欲望,后来他成了朝鲜历史上的第一商人。由此可见,节制的重要性,在古人那里就已经很明显了。

节制的另一个名字——自制力

节制,还有另外一个名字,叫作"自制力"。如果管理我们社会的领导层失去了自制力,那社会将会产生怎样的后果呢?如果夫妻在家庭中丧失了自制力,那么家庭会变成什么样子?如果年轻人失去了自制力,那他的未来会怎样呢?可想而知,如果真的这样,那么我们的社会和家庭,以及小集体都会陷入巨大的不安和恐慌之中,惶惶不安,无法安心度日。

如果一个年轻人失去了自制力,其未来就会变得模糊不清。如果没有对未来愿景的热情和信念,如果在愿景实现之前,失去了耐心,无法控制自己的内心而正直地生活,那么肯定无法达到自己想要到达的终

不放弃

点。对于年轻人而言，最难养成的品质，就是节制。所以，一个人是否可以实现其愿景，在于他是否能够自我节制。

在中国古代，有一位忠厚淳朴的大臣。有一天，皇帝将该大臣传唤到跟前，对他说：

"我们的国家如此兴旺富足，为什么餐桌上没有放上象征富足的象牙筷子，依然放着木头筷子呢？"

原来皇帝对于餐桌上保留的木头筷子心生不快：自己明明将国家治理得如此兴盛，怎么连一副好筷子都没有？

听完皇帝的话，忠厚的大臣说："象牙筷子也不是什么了不起的东西。但是，一旦换上了象牙筷子，那是不是需要配上黄金碗碟呢？然后肯定需要山珍海味了吧？再然后就是金像了，最后是不是就要建个阿房宫了？这样的话，百姓岂不是又要遭殃受苦了？"

这位大臣认为，比起想要换筷子的念头，皇帝没有节制，变得骄奢的心态更是值得担忧。听完这位智慧的大臣的建议，皇帝也对自己的心态进行了反省，变得节制起来。对我们而言，也需要这位大臣的这种心态。在我们所负责的领域之中，要竭尽所能地保持节制的心态。即便在皇帝面前，也要坚持这种节制的理念。不然，黎民百姓就只有受苦的份儿了。

有一位学者曾经说过，节制就像是汽车的刹车一样。想象一下没有了刹车的汽车，那就是一台移动的杀人机器。所以，我们应该努力去管理我们的内心。对于我们的所见、所闻、所言、所行，都要保持一颗节制的心。

Self-control

是选择主动自我管理，还是选择受控他人？

培养辨别力，让自己做到节制

清醒的头脑和纯净的心灵

想要成为一个有节制的人，需要具备辨别力。辨别力，是指专注于自己内心的声音，能做出正确的判断，选择正确的方向的能力。对于自身内在的良心的声音，要学会倾听，要能够分辨善与恶。没有辨别力，迟早会吃亏。在我们的人生过程中，各个路口都盘踞着诱惑。稍不留神，便会陷入诱惑的泥潭。如果没有坚定的意志力，将无法自拔。所以，我们需要培养辨别力，去倾听内心的声音，去辨别正确的方向。

想要拥有辨别力，我们需要保持一个清醒的头脑，以及一颗纯净的心灵。提出"清醒的头脑和纯净的心灵"的主张的人，是英国的经济学家阿尔弗雷德·马歇尔（Alfred Marshall）。身为一名经济学家，他对社会的改革问题有着非常高的热情。当时的英国，存在着非常严重的贫困问题。他强调，身为研究经济学的学生，就应该致力于提高国民的经济福利。因此，他认为辨别力是非常重要的能力。如果学生们只是凭感性的驱动去发现问题、追踪问题，那么则会引起更大的问题。他向学生提出了要求，就是要直面现实，以及要有自己的辨别力。因此他提出了"清醒的头脑和纯净的心灵"的说法。纯净的心，是不一味偏向弱者的公正之心。清醒的头脑，是能够挖掘事物本质的犀利的理性。这两者，是阿尔弗雷德·马歇尔所强调的意义所在。

我们需要清醒的头脑，因为它能帮助我们搞清楚问题所在，判断哪些是正确的，做到节制和自我管理。同时，坚持内心纯净美好，热衷于那些能够帮我们达成目标的事情。培养辨别力，对于我们预测事情的结果，也有所裨益。试着问一下自己，并做出回答。在这个过程中，我们能学到如何分辨对错和是非。

★ 你现在选择做的这些事情，结果会怎样？

★ 你在做事的过程中，是坚持走正道，还是会去走一些旁门左道？

★ 当你做这件事情时，有谁会觉得难受？有谁会觉得开心？这件事对他人是否有正面的影响力？

★ 通过你选择的事情，你能得到的利益是什么？这个收获，是否能够给你的人生带来正向的结果？

不放弃

★ 这件事是否对所有人都有好处？还是仅仅对你自己有益？

如果你选择的事情的结果是正向的，那么这个选择就是正确的选择。同理，如果这个选择对大多数人都有坏处，或者会给某些人带来痛苦，那么这便是一个错误的选择。所以，通过这样的提问，我们可以学会分辨好的选择和坏的选择。

《小狗便便》作者的节制的一生

著有《小狗便便》《粉团儿姐姐》等名作的韩国童话作家权正生，拥有一颗纯净的心，一心向着孩子们。在日本占领朝鲜半岛的时候，他于东京出生，在韩国光复之后回到韩国生活。因为年幼时期贫寒的生长环境，致使他的身体非常虚弱。在妈妈的悉心照料下，他得以恢复健康。在他29岁的时候，回到了父母的故乡，成了教会的敲钟人，并且写出了如珠玉般美好的童话。

他的著作，大部分都是关于儿童和贫苦悲伤的人们的故事。他将自己在人生中遇见和感受到的故事，经过自己纯净心灵的过滤，写成了一个个美好温暖的童话故事。

他说："对于贫穷的人，他们需要的，是有人站在他们身边，和他们一起度过艰难处境的陪伴。"

他的一生无欲无求，坚持将那些苦难而又悲伤的故事，编写成一个个美好的童话，与那些经受苦难和悲伤的人一起分享内心世界。

2003年MBC的"感受表"节目中，权正生的散文集《我们的上帝》当选为推荐图书。在该节目中成为推荐图书，这本书必然会成为畅销书。但他出人意料地拒绝了受推荐的机会。他拒绝的理由，更让人肃然起敬。

他说："在孩子们的成长过程中，最幸福的时间，莫过于在图书馆或书房里自由地选择阅读的时刻。如此重要的选择，为什么要由电视节目来决定呢？"

这就是他的理由，不希望剥夺孩子们自由阅读的权利。由此可见，他真心地爱着每一个孩子。在《我们的上帝》的卷首语里面，他将节制的美德表现在字里行间。

> 细细想来，我们在生活中，除了每天必需的生活费之外，所消耗的每一种资源，都是不正当的。因为，如果使用超过自己的限定量，那就是变相地掠夺别人的幸福。

在韩国的童话作家中，权正生是版税最多的名作家。但他将自己生平积攒的财富都用于面向孩子的公益事业。他一生都住在自己建造的小屋之中，仅仅十几平米的空间，只有一只小狗相伴。他一生过得俭朴而又节制。他这样表达自己对于小屋的依恋之情：

"那个小屋是可以进行创作，也可以和孩子们经常见面的场所。"

他认为，和孩子们在一起，物质并不重要。在他的遗书里，也饱含他对孩子们纯粹的爱护和关心。

我写下的所有作品，都是孩子们买来阅读的。所有因此赚到的版税，应该再还给孩子们。如果觉得麻烦，我希望委托给韩民族（The Hankyorh, www.hani.co.kr）新闻社运营的"南北韩同龄人"基金会来打理。放心地交给他们打理运营，我们自己看着就行了。

他作为一个为了慰藉穷孩子和苦孩子而进行写作的作家，节制地走完了自己的一生。虽然他没有享受过丰盛的物质生活，但他的一生却是成功而饱满的。因为他清楚地知道如何辨别是非，所以即便在十几平米的陋室度过一生，他也幸福地度过了自己的每一天。

区别紧急的事情和重要的事情

想要拥有辨别力，就需要分辨事情的轻重缓急。在我们的人生中，有些事是紧急的，有些事是重要的。但有些紧急的事情并不那么重要，而有些事情看起来虽然不紧急，却是决定我们一生的重要大事。选择什么，可以决定我们的一生。

在一个山谷中的小村里，有一个青年，每天都要到村外去打水。他很有规律，每天到一定时间，就会走过村子前的小路去打水。有一个经过的人，看到背着水架去打水的青年，问道：

"喂，年轻的朋友。你为什么非要到村外去打水呢？在院子里挖一口井不就行了吗？"

青年正色回答了他的问题：

"现在背水都来不及，哪有时间去挖井啊？"

对青年而言，眼下最紧急的事情就是去打水。但我们一看就会明白，青年真的不是一个聪明的人。虽然现在背水是一件非常紧急的事情，但是挖井是更重要的事情。

想要收获愿景的果实，我们就需要整理一下，哪些事情是紧急的，哪些事情是更重要的。紧急的事情或许迫在眉睫，很多重要的事情虽然没有那么紧急，却是关乎成功与否的关键。为今后的人生写下具体的计划，为了提高思想的深度而进行广博的阅读，为了培养完美人格而进行的各种训练，以及在本书中一直强调的，要均衡成长的要求，都是非常重要的。

Self-control
是选择主动自我管理，还是选择受控他人？

请制作节制的清单

五个阶段的成功公式

为了培养节制的美德，要摒弃那些不好的习惯固然重要，但更重要的，是我们要努力去养成那些良好的习惯。形成了好的习惯，也就能轻而易举地改掉那些不好的习惯。以下就是体现了习惯的重要性的五个阶段的成功公式。

第一，注意你的思维，因为它决定你的语言。
第二，注意你的语言，因为它决定你的行动。
第三，注意你的行动，因为它决定你的习惯。
第四，注意你的习惯，因为它决定你的人格。
第五，注意你的人格，因为它决定你的命运。

从思维开始，到语言、行动、习惯，这些都是形成我们人格的重要因素。而这些，最终会成就我们的命运，决定我们一生的成败。虽然习惯在人生的成功公式里处于第四个阶段，但它在我们的思维、语言以及行动传达的过程中，是非常重要的媒介，对我们的人生起着承前启后的作用。

好习惯的养成，可以帮助我们实现拥有一颗集愿景、信念、正直、忍耐、积极正向、感恩和体恤于一体的心，将九种心灵有机结合在一起，不是只需拥有其中一种品质就可以成就成功人生的。所以，我们应牢牢记住前面提及的那些品德，并以节制为基础，养成好的习惯。

请制作节制的清单

为了养成好的习惯，需要与其他的品质有机结合在一起。日本作家佐藤富雄在他的作品《让你成功的正能量》中，说得很好：

> 新的习惯，通过坚持不懈、加强稳固、自信感以及确信的过程之后，就会成为我的习惯。因为，如果想要将一种思考方式变为习惯，那就需要经过很多次思考，并用语言表达

不放弃

出来，用文字表现出来，然后将这些都储存在我们的大脑之中，就像安装了一个程序一样。在反复使用的过程中，"只要去做就行了"这种想法会逐渐在我们的内心生根发芽。这就是新的思维变得牢固的过程。在体验这种变化的时候，"这次也会很好的，如果再努力一下，还可以做得更好"这种热情也会涌上心头。这种热情就是自信感。当自信感产生之后，即便没有意识到"必须要做好啊"，也会无意识地身体力行。这时候，我们就到达了确信的阶段。新的习惯，就是通过这样的过程，无意识地深植在我们心中的。

富兰克林对习惯的重要性这样说道："立志想要做一个完美有德之人，仅仅在心中有信念，是无法预防失误的。如果希望自己一贯的行动不要失误，那就需要改掉那些不好的习惯，去形成那些良好的习惯并熟悉它们。我就是以此为目的，去实践，实现了品德的培养。"

对于我们所见之事、所言之实、所食之物、所感之情、所思之道及喜怒哀乐、运动行为等这些需要节制管理的内容，我们应该针对它们培养良好的习惯。比起漫无目的地想要培养好习惯，制作一个节制的清单，针对自己当下所处的环境的需要，是我们更需要去做的事情。像本杰明·富兰克林那样，制作一个品德的戒律清单，自己给出自己的定义，对于我们养成良好的习惯是非常有益的。

比如，想要为了健康而运动，那我们就写一个"运动"的清单，并在旁边写下自己想要实现的目标和定义，就像下面我会提到的那样。在制作节制清单的时候，将自己的愿景和最终想要达到的目标一起写下来，更为有效。

私人订制——我的节制清单

- ★ 运动　每天跳绳100下，锻炼体力。
- ★ 智能手机　除了必需的信息和通话之外，不要使用。
- ★ 电视节目　只看传达有效信息的节目，并控制在一定时间内。
- ★ 减肥　一定要在一个月内减掉5kg。
- ★ 语言　说话之前，一定要在脑子里先想三遍再说。有时倾听比说话更重要。
- ★ 愤怒　发火的时候，给自己喊停，然后换个立场去思考问题。
- ★ 物质　选择自己必需的东西，其他物品定期进行捐献。

就像上面这样，制作一个属于自己的节制清单，并且将内容背下来。在脑子里记下之后，到了需要节制的情形时，在脑子里对自己说三遍。节制地生活，想象自己最终想要实现的理想，对于我们的现实生活，将会有很多的帮助。

养成好习惯的技巧

我们在日常生活中的所想、所感和行动的 95%，都是我们习惯的产物。所以，养成良好的习惯，对我们未来人生的走向，有着积极正面的引导，甚至能让我们少走弯路。为了养成良好的习惯，我们需要以下几个方法。

第一，不要拖延

好习惯养成的关键，首先就是不要拖延。养成好习惯的最大敌人，就是"拖延症"。在养成习惯的过程中，失败的人常常说"再来一次吧""从每天开始吧"。减肥失败的人，最大的特征就是喜欢说"从明天开始吧""今天再吃最后一顿大餐，从明天开始再投入减肥的战斗吧"。到了明天，又会再说"从明天开始"，于是明日复明日，日日复明日。为了预防拖延症，就要把完成的日期明确地写出来。将预计完成的时间写出之后，就会减轻拖延的症状。绝对不要拖延！不拖延，是养成好习惯的第一步。

第二，实践目标的时候，不要考虑意外事件

今天太累了、今天下雨了、今天患了感冒浑身无力等理由，如果作为目标实践过程中的意外事件，就会成为我们偷懒的借口。这样一来，不断地自我合理化，为自己找理由，最终必然导致目标不能如期完成。所以，在目标实践的过程中，不能考虑意外事件，无论在怎样的情况下，都必须完成。

第三，从小处开始着手

从小的计划开始实施，可以养成习惯。如果为了减肥，一下子减得很猛，那会怎样呢？不出意外，肯定会弄到上医院躺着去了。其他的事情也是同样的道理。一开始，计划的目标不要定得太高，过高的目标只会让自己力不可支，无力承受。可以定一些如晚上 6 点之后不吃任何食物，每顿少吃一勺饭等计划，这样使计划的实施变得简单可行。不用担心目标定得太低、计划进行太慢，只要我们坚持不懈，不经意间，就会养成一个良好的习惯了。

第四，找一个能够帮助自己的教练

我们需要一个能够保护和引导我们的人。当我们筋疲力尽，想要放弃的时候，这个人能够鼓励我们，给我们勇气，激励我们"我能做到！"。如果有这样一个人，我们在前进的路上，将会更加充满力量。或者找一个和自己有共同计划的朋友或同事，这也是不错的。和朋友一起，实施计划期间积极性会增加，趣味也会增多。而且无形之中，还会产生一定的竞争意识，会让人更加有斗志。因为有人一起，也不会轻易放弃。与朋友一起可以互相依靠，彼此鼓励。所以，请在周围的人中，找到一个能够陪伴自己前行的教练吧。

第五，正式地说出来！

有人说过这样的话："当想法在我脑中的时候，是我在支配着想法。但是当想法被公开之后，想法就反过来支配我的行动了。"当我们将自己想要实现的目标公布出来之后，就会开始注意别人的眼光，而且会为自己的目标付出行动，最终达成。因为有别人的关注，所以也不好意思放弃。同时，我们的大脑是无法区分真假的。下意识经常挂在嘴边的话，我们的大脑会自动认为，那是非常重要的信息。这样一来，我们的身体也会随之行动，最后也会得到一个好的结果。

第六，失败的时候，不要放弃，继续挑战！

不要放弃，继续挑战，就是要我们不到最后不放弃。我们都是普通人，总会有遭逢失败的时候。如果因为一次失败而退缩，却是不应该的。我们应该咬牙坚持，一直到习惯养成的那一天。把这个过程当作一场殊死搏斗，那么就没有什么是办不到的。如果不能订立一个行之有效的计划，那么就从小目标开始着手。爱因斯坦曾经说过："对于过去做过的事置之不理，却希望在将来收获更好的结果的行为，我们称之为'疯子行为'。"这是针对那些不努力，却期望天上掉馅饼的人说的话。西奥多·罗斯福（Theodore Roosevelt）也说道："对于那些没有梦想，没有愿景的人，我一直认为他们是没用的。但是，对于那些拥有梦想和愿景，却不愿意为之付出任何努力的人，我同样认为他们是没用的。"

无论你拥有怎样美好的愿景，即使对它抱有巨大热情，但如果不能养成良好的习惯来实现它，都无法得到一个好的结果。只有拥有了好的习惯，才能培养节制的美德。

不 放 弃

Gratitude
**让自己心动，
让自己幸福**

Gratitude
感恩——无论身处怎样的环境，都会想到事物好的一面，并对自己所受的惠泽，报以感谢的话语和行动。

懂得感谢的人,不会受到惩罚。
不懂得感谢的人的一生,本身就是一种惩罚。

——希腊名言

感恩，成就幸福

我们是否对现实怀有感恩之心？

感恩，是指无论身处怎样的环境，都会想到事物好的一面，并对自己所受的惠泽，报以感谢的话语和行动。感恩，是可以探知自己当下想法的一种尺度。一颗懂得感恩的心，无论在怎样恶劣的环境下，都能找到正面的能量。懂得感恩的人，往往会看到事物好的一面，竭尽所能克服困难。所以，心怀感恩的人，一般都会获得生活的成功和幸福。

为了表示真正的感谢，我们要对那些施恩于自己的人和事，在语言和行动上表达自己的感谢之情。那些没有表达的爱，别人无法得知。同样，没有表达出来的感谢，别人也无从感受。所以，要拥有一颗感恩的心，需要下意识地去做一些事情。即便在不愿意表达的情况下，也该下

不放弃

意识地去努力，表达出自己的谢意。

所谓幸福，不取决于我们拥有了多少，而取决于我们如何看待当下的时刻。有时只要我们变换一下看问题的角度，就可以使自己变得很幸福。当遭遇困境，遭受不公平对待时，如果我们因此心灰意冷，人生就会受挫。对未来，也会失去期待和希望，人生由此变得黯淡无光。但是比起无法改变的环境，以及只看到不公平一面的偏执，我们先改变自己看待当下环境的视角更为重要。

心怀感恩，并不是立刻就能改变我们所处的环境。而是在如以往那样的困境下时，我们看待它的眼光会发生改变。因为内心的丰盈，我们看待环境的眼光和深度都会发生变化。而在由于眼光变化而变化的内心，就会萌发出希望的嫩芽。

对于我们看待人生的态度，罗伯特·舒乐（Robert Schuller）牧师曾这么说过："虽然每天都会发生成千上万的奇迹，但是那奇迹，也仅仅是对于相信奇迹的人而言的。"也就是说，在相同的情形之下，我们看待处境的眼光，足以改变我们的一生。

大家现在处于怎样的环境之中呢？对于现在所处的环境，我们是否怀有感恩之心呢？还是仅仅抱怨遭遇的不公平，灰心丧气地活着？无论情形怎样艰难，如果我们都能以感恩之心对待，我相信大家的人生会慢慢发生变化的。

纳尔逊·曼德拉的感谢

2010年足球世界杯的承办国南非共和国前总统纳尔逊·曼德拉（Nelson Mandela），是全球各国领袖中，经历过最长的监狱生活的人。他在46岁的时候，被判终身监禁，然后在监狱里度过了27年的宝贵时光。他的人生，几乎三分之一都是在监狱之中度过的。很多人都担心，他在监狱中会因为愤怒和厌恶而导致身体健康恶化。甚至还有人认为，曼德拉会因为自己蒙冤入狱想不开，结束自己的生命。但是，曼德拉虽然觉得蒙冤，却还是选择以感恩的心代替了本来应该会有的愤怒和厌恶。

曼德拉出狱的时候，前来迎接他的人以为他一定已经虚弱不堪。但是，他出现了，以70多岁的高龄，精神矍铄地走出了监狱的大门。那些前来采访的记者，被他的精神面貌震惊了，问道：

"大多数人但凡遭受5年牢狱之苦，差不多都是病体之躯了。您在监狱度过了27年，怎么保持了如此良好的健康状态呢？"

曼德拉以洪亮的声音这样回答了记者：

不放弃

"因为在监狱里,我一直在向上帝表示感恩。当我凝望天空的时候,我会感谢;当我望向大地的时候,我在感谢;当我喝水的时候,我感谢;当我进食的时候,我依然感谢。当被要求强制劳动的时候,我也感谢。因为一直都心怀感恩,所以一直保持着健康。对我而言,牢狱之苦并非诅咒,而是为了更好地发展,上帝赐予我的珍贵的岁月。"

那之后,曼德拉获得了诺贝尔和平奖,当选为南非共和国第一位黑人总统。他饶恕了让他饱受牢狱之苦的人,废弃了种族歧视制度。在悲惨的监狱生涯中,他选择了感恩,成为受全世界尊敬的一代伟人。

感恩,会带来奇迹

李智善(音)20多岁的时候,在因为别人醉酒驾驶造成车辆相撞的事故中重度烧伤。遭遇变故的她并未因此消沉,而是开始寻找生活中值得感恩的点点滴滴,重新开始了自己的人生。在那场事故中,她全身55%的皮肤都遭受了三度重度烧伤。如果意志力不够强大,在这种情形下,当事人或许会失去生活的勇气,甚至放弃治疗。但她没有。在长达七个月的住院时间里,她经受了30多次痛苦的手术以及康复治疗,并最终挺了过来。虽然她失去了美丽的容貌,但她以自己对生活的感恩之心,获得了重生。她在自己的书——《智善,我爱你》中这样写道:

我在用变得短小丑陋的八个手指来进行书写的时候,终于体会到,原来手指对于我们是那么重要。当我用大拇指以一当十来生活和书写的时候,我是多么感恩上帝赐予我大拇指。当我失去了睫毛,所有异物都有可能落入眼睛里时,我才明白,即便微小的睫毛,对于我们都是那么重要。当我使用变得像竹竿一样的右臂的时候,我才明白上帝为什么会创造关节,让手臂能够自由弯曲。也明白了手能摸到耳朵,是多么幸福的事情。

　　变得不再完整的右耳廓,让我明白,为了不让水流入耳朵的耳廓,原来是上帝精密设计的。当腿上烧伤的皮肤大面积脱落,一瘸一拐地行走,腿脚感到不便时,我才明白,原来正常行走对于自己已成为如此困难的一件事。

　　原来健康的皮肤,具备那么多重要的功能。曾一度以为皮肤不过是一层表皮而已,现在才知道它对于我们是多么珍贵的存在。所以我开始感恩,感谢自己残存的健康的皮肤,能让我维持身体的行动。也由此切身体会到,原来上帝创造我们时,身体的每一个部分,都是经过精密设计的。

　　大多数人会疑惑:"都伤成那样了,还能活下去?""是的,即便这样了,我也要感恩,并坚强地活下去。"这就是我的答案,"虽然我的身体变成了这样,但我相信自己有一颗比任何人都更健康的心灵。尽管身体残缺了,但我一点都不觉得羞愧。我感谢上帝,赞美上帝,即便我有的只是残缺的身体,他也一样赐予我护佑和爱,感谢上帝。我要这样活下去,比任何人都要幸福地活下去。"

在如此艰难和痛苦的处境中,要活下去几乎不可能,她却努力寻找值得感恩的瞬间。因为找到了值得感恩的东西,让她无法平息的痛苦的心慢慢地平和下来。事故之后,她开始领悟到生命的宝贵、快乐以及感恩,存在于生活中任何微小的瞬间。反之,如果当时她有过一丝的绝望,都有可能成为结束自己生命的负能量。

她奇迹般地恢复健康之后,开始了自己崭新的人生。她倾尽心力去寻找值得自己追求一生的信念和价值。那就是怀着感恩之心,努力生活下去。

感恩,是赶走绝望,带来奇迹的力量。怀着感恩之心生活,即便在无法改变的环境之中,也能体会到不同的感受。我们看待现实的眼光发生一点点改变,就会使人生发生彻底的改变。"在日常生活中,稍作停留,回想一下我们生活中收到的感谢。那个瞬间,你身体的感情系统就已经脱离了恐惧和害怕,到达了一个正面的状态之中。"迈阿密大学的心理学教授迈克尔·E. 麦卡洛（Michael McCullough）如是说。在我们所处的环境中，我们的选择，决定着我们的人生。真正的幸福，是对当下的生活怀有感恩之心，并且能够表达出来。请铭记在心，如果我们对于现在没有一丝感恩之心，那么，即便得到了自己想要的结果，也无法感受到幸福。

拒绝负面情绪的影响

练习，再练习，直到形成习惯

在心理学理论中有一种行为叫作"负面认知"。这种理论是指我们对于接收到的感情或想法，并不会欣然接受，更可能的直接反应是不情愿。在人的内心，负面的因素往往比正面的因素更容易被反映出来。因此，我们常常无意识地对事物做出倾向于负面的判断。比起好的方面，更容易去想到那些不好的方面。比起去祝贺一个成功的人，人们更喜欢去找失败的人寻找共鸣和安慰。虽然这也合乎常理，但是，更快地对负面的因素而不是正面因素做出反应的我们，很难有一颗感恩的心。所以，我们要下意识地对感恩进行练习。

首先请铭记本章前部所讲述的感恩的定义。记住了感恩的定义之后，当我们遇到不平和不满的时候，以最快的速度在心里默念感恩的定义，并且努力找到事情好的一面。然后，对于那些自己得到的恩惠，哪怕微不足道，也要对其表现出感恩之情。然后对自己或对自己想要感谢的对象，按照以下方法来表达：

虽然情况是……但是也多亏了……真的非常感谢！
即便……但还是多亏了……所以谢谢你！
非常感谢在……的时候，你对我……的帮助！

虽然我们需要感谢当时的情况和环境，但是对于周围的人，也应该表达感谢。生活中，我们常常会无意识地给周围的人带来困扰和伤痛。而随着年纪的增长，我们却越来越吝啬于向他们表达感恩。

我们活着，最应该感谢的，就是自己能够存在于这个世界上。只有对自己当下的存在心存感激，才是感恩的基本。这世上，没有什么事情，比否认自我存在这件事更让人担心了。对父母表示感恩是非常重要的。我们要感谢父母给予我们生命，并含辛茹苦把我们抚养成人。没有表达出来的感谢，对方则无从得知。所以，从现在开始，请寻找机会，对父母表达自己的感激之情。如果羞于当面表达，通过手机短信的方式也是很不错的。感恩的短信，让人读起来会更感动。子女对父母的感恩之情，对于父母，就像是夏日里的山涧清流一般解渴并让

不放弃

人慰藉。

在韩国 KBS 电视台有一档节目叫作 *Gag concert*，其中有一个叫"非常感谢"的系列。节目中，大家伴着轻快的节奏，大喊着"非常感谢，非常感谢"！这个伴着律动的节目，是韩国国民最喜欢的一个系列。在这个节目中，即便在很困难的人生境况下，故事主角还是会努力找到值得感谢的内容，然后大声地喊"谢谢"。在不乐观的情形之下，也能找到事物值得感谢的一面，使故事结局发生反转，是这个系列节目最大的看点所在。现场观众和电视观众在观看的时候，对节目主人公总能找到微小的感动，并积极地大声道谢的行为，非常有共鸣，而且常常被引得捧腹不已。这，就是感恩的特点，从微小的事物中去发现值得感谢的内容。

那么我们是否可以像 *Gag concert* 那样，直接编写剧本，然后就像演出那样，训练自己感恩的心？就像 *Gag concert* 的笑点一样——在极端的反转后引得观众哈哈大笑，让我们自己也能在任何情形之下，都能找到值得自己感恩的内容，并因此会心微笑。这样一来，我们当下面临的害怕和痛苦，将变得不值一提。因为我们看待境况的视角发生了改变，所以我们的人生也会发生改变。现在，就请开始制作"非常感谢"的台本吧！

改变人生的"感恩日记"

　　心理学者们认为，培养人们战胜困难、重获新生的能力，没有什么能比"感恩日记"更行之有效。美国加利福尼亚州立大学戴维斯市分校的心理学科教授——罗伯特·埃蒙斯（Robert Emmons），曾经做过一个关于感恩日记的实验。将一群12~80岁的人，分成了两个大组。其中一组的人，每天至少写包含五点内容的感恩日记。另一组则随便写什么内容都可以。一个月之后，将两组人群进行比较。得出的结果是，每天写感恩日记的组员，有四分之三的人在过去的一个月中，有着极高的幸福指数。同时，他们的睡眠以及运动质量，都比另外一组成员高得多。仅仅是因为有了感恩的心，竟然让脑中的化学构造和荷尔蒙都发生了变化。

　　对于感恩的效果，罗伯特·埃蒙斯教授这样说道："怀着感恩之心的人，对于任何事情都抱着积极的态度，因此在任何领域都得到了好的结果。感谢，从心理学角度讲，能让人远离愤怒和忧郁等负面情绪。"

　　美国迈阿密大学的心理学教授迈克尔·E.麦卡洛（Michael McCullough）说道："如果在平常生活中稍作停留，回想一下我们在生活中接收到的感谢，那个瞬间，你身体的感情系统会脱离恐惧和害怕，达到一个正面的状态。"

不放弃

《一生感谢：打开幸福之门的钥匙》的作者全光牧师，连续写感恩日记超过了十年。他以自己的亲身经历为例，亲述了感恩日记对自己人生改变的影响。因为感恩日记，他才能够出书，也尝到了成为畅销书作家的喜悦。现在他正进行全国巡回演讲，甚至有大企业的CEO邀请他策划"感恩经营"的"感恩训练项目"。

他坦言，从开始写感恩日记，因为要从生活中寻找值得感谢的事物，他就对生活中的微小细节更为敏感。对于那些无意中遇见的情景，他都以感恩的心去注视，并在一天结束之前写下感恩日记。

现在，也让我们学习奥普拉·温弗瑞和全光牧师，开始写感恩日记吧。通过感恩日记，让我们的人生态度变得积极向上，使我们产生战胜困难的力量，在学习及运动方面也获得优异的成绩。

消除攀比、欲望和抱怨的心

感恩，也有类别

感恩的心，和环境及条件是没有任何关系的。无论在怎样的环境中，都能专注好的一面，关注那些自己得到的恩惠，这才是真正意义上的感恩。但通过对周围人的观察，我们可以发现每个人表达感恩的标准有所不同。人们大多都是带着附加条件进行感恩。有条件地感恩，就是在自己心里定下了一个标准，标准达到的时候，会表达感谢。而一旦期待落空，他们便看不到那些曾接受过的帮助，只会对以后需要的东西更加关注。这样一来，人们便变得不容易知足。当期待落空时，内心往往还会产生厌烦和不平的情绪。不论什么时候，这样的人的内心总是贫瘠的，在这样的内心里，是无法产生感恩之情的。

有的人，通过与那些不如自己的人比较，使自己的内心得到安慰，因而产生感恩之情。这类人，只有当他们看到那些不如自己、比自己水准低、比自己还不幸的人时，内心才会充满安慰和满足。但当他们看到比自己过得好的人，又会变得怯懦和自卑。这时候他们就会对自己所拥有的产生不满，认为自己得到的那些恩惠微不足道。这类人，总是活在与他人的比较中。对于得与失，他们常常都在比较，内心也渐渐变得贫瘠。他们总是陷入不安的情绪，无法达到健康的心理状态。他们的感恩，不过是被自我欲望所控制的自利型感恩。

丹尼尔·笛福（Daniel Defoe）说道："人们对于不足充满了不满和怨言，是因为他们对当下所拥有的一切没有感恩之心。在既定的环境下，如果觉得不满足，那就要用更多的触觉去感知，更努力去寻找值得感恩的事物。就像小孩子那样，他们的感恩之心并不受环境的左右，而是无论在何种情况下，都能主动探寻值得感恩的事物，并且表达出自己的感恩之情。"

影响感恩的要素

影响感恩的最大敌人，就是攀比意识。众所周知，韩国人的攀比意识在全世界都有名。甚至还有一句谚语，叫作"别人的糕怎么看都是大的"。与自己所拥有的相比，韩国人更容易去羡慕别人所拥有的一切。这一点，通过调查结果也可以看到。美国伊利诺伊州立大学，对世界收入水平前 47 位的国家的幸福指数进行了言论调查。结果显示韩国的幸福指数在 47 个国家中，居第 39 位。对于韩国这样一个高收入国家的低幸福感现象，研究者们进行了分析。然后，发现其中一个原因就是攀比意识。即便在一个客观良好的环境下，韩国人也会不停地羡慕他人，不断攀比和竞争，从而很难感受到幸福。

"妈妈朋友的孩子（别人家的孩子）"这个词，就是攀比意识的一个典型表现。父母总是不断地将孩子与朋友家的孩子进行比较，并且要求孩子一定要超过对方。或者是要求自己的孩子要成为谁谁家孩子那样。如果不那样的话，父母就会觉得孩子将来在社会上很难立足，可能会收获一个失败的人生。对这类人而言，他们不会对当下环境表示感恩，也很能产生满足感。已经被攀比意识和竞争心所围绕的他们，是不可能对生活怀有感恩之心的。失败的人，只会去关注那些自己所没有的东西。而成功的人，则会对自己所拥有的一切心怀感激。

欲望，也是妨碍感恩的因素之一。欲望常常让人不懂知足。比起自己所拥有的一切，欲望会让人更关注那些自己所没有的东西。尤其当自己身边的人拥有什么好东西时，欲望就会让人产生羡慕和嫉妒之心。以至于有了这样的谚语——看见表兄买了地，自己就开始肚子疼了（眼红了）。对别人拥有的东西产生欲望，就很难维持一个良好的人际关系。

当我们在内心播下感恩的种子时，抱怨的情绪，是最致命的妨碍因素。"抱怨"的词典定义是对事物表现出不满和鄙夷的言语或行动。这与本书中定义的"感恩"，是两种截然不同的性质。抱怨，是指不去关注事物好的一面，而只专注于事物坏的一面。心理学家伍尔本（Hal Urban），曾对70万名学生和成人要求，在24小时内，无论发生什么事情，都不能说一句抱怨的话。24小时过去了，他对这些人的抱怨情绪进行了测定。普通人平均在一天内会有6到12次的抱怨和怨言。一整天无怨言的人，在70万受调者中，仅仅只有4名。这个实验，说明我们在日常生活中，是多么容易产生不满和抱怨。同时，也说明要想在一生之中都怀有感恩之心，是多么不容易。现在，请将目光从那些让人心烦意乱的事情上移开吧！请睁大眼睛去寻找生活中微小的恩惠和美丽！

飞镖效应

飞镖，本是澳洲原住民狩猎小兽时使用的一种工具。当飞镖被抛出去之后，会沿着特定的弧线进行运动，最后又重新回到猎人的手里。在我们的生活中，飞镖效应也是同样适用的。当我们向别人表达谢意的时候，别人也会对我们报以感谢。即便对方不做相同的回报，我们自己的内心也会被感恩的情绪所填充。因为，我们在关注对方好的一面。

美国的一个研究团队，对感谢的飞镖效应进行了实验。他们以青少年中心的学生为研究对象，调查了他们对前来服务的志愿者表达谢意之后，志愿者们的反应。那些收到了感谢小纸条的志愿者，有80%参加了下一周的活动。那些没有收到感谢小纸条的志愿者，只有50%参加了下一周的活动。可见，那些接收到学生感谢的人，再次服务的出席率，远远高于那些没有收到感谢的人。同时，研究团队对餐厅也进行了实验，让我们感受到了感谢的力量。在就餐结束之后，结账的时候在账单上写"谢谢您的光临"的服务员，比起那些只是结账的服务员，收到的小费要高11%甚至更多。通过这两个实验，研究团队发现，那些收到别人感谢的人，通常会付出更多的努力去回报对方。

感谢自己，我们也会发现"飞镖效应"的作用。一旦对自己怀有感恩之心，我们就会产生勇气，并有了行动的动机。这样一来，自信感应运而生，内心也会发生变化。无论何时，即便在不怎么好的情形之下，都会怀着对未来的美好期待。因为充满希望，人生也便因此充满活力，欢笑声便也不会停止。就像水循环一样，我们对自己的感谢，最终带来了好的效果，回报给了自己。那些献给别人的感谢也是如此。当对对方产生关注，产生感恩，最终这些都会回报给我们自己。

有一位名叫佛罗伦斯·S. 西恩（Florence S.Shinn）的人，对于飞镖效应曾这样说：

"给予他人的，最终会回到我们自己身上。人生就像扔飞镖，我们的想法、言语、行动会变成怎样，我们不得而知。但有一点可以肯定的是，无论变成什么样，这些都会回到我们自己身上，并且它们会成为我们的证明。"

无论如何，都请保持感恩的心

幸福之岛——小鹿岛（jee ra do）

10年前我和教会的孩子们一起访问过小鹿岛，那是一次寻找小鹿岛历史性意义的旅行。从日据时期开始，小鹿岛就聚集了一些麻风病人。他们在岛上生活，被迫与世隔离，仿若一直生活在世界之外。除了一些基本的生活必需的物资补给进出外，他们几乎从上岛开始，到离开这世界，都不曾出岛半步。

我和孩子们一起，在他们生活的寓所里将行李铺开。孩子们看到他们的样子时，吓得身子发抖。孩子们在被惊吓和陌生感围绕的同时，听年老的传道士讲述了小鹿岛的历史和居住在小鹿岛上的人们的故事。从日据时期开始，他们便经历了无数的苦痛。当时的历史资料也被保留至

不放弃

今，完整地记录了他们当时的惨况。当我们看到那些资料的时候，也为当时那么残酷的环境感到痛心。

但是，传道士先生意外地说了另外一些话。他说，小鹿岛是被与社会彻底隔离开的，虽然它称不上世外桃源，却被有些人称为人间乐土。然后他问我们，知不知道"jee ra do"的意思？同时他也说因为自己在"jee ra do"生活，所以认为自己的生活很幸福。

他说，即便被人群疏远，被世界无视，也拥有一颗感恩的心。即便身体残缺，不能自由行动，也能感觉到幸福。即便在黯淡的环境之中，仍能看到生活美好的一面，对于生活给予的小小恩惠，都能满怀感激之情。这便是"jee ra do"的含义。

在我们面对生活赐予我们的环境和情形时，我们需要"jee ra do"精神。"即便……我们也要……""就算会……我们也要……"，这样的话，无论在怎样的情形之下，都是适用的。所以，请大声喊出来吧！"即便……我也会保持感恩！幸福生活！"这样，无论我们遇到怎样的困难，都能感恩当下，幸福地生活。

因为感恩而开始的国家

美国,是由当初离开英国的清教徒们建立的国家。他们乘坐一百八十吨重的五月花号,越过了大西洋。那时候,航海术尚不发达,他们的航行是一次危险的冒险之旅。船上的一百四十六名乘客,因为海浪的颠簸以及极端气压的影响,都承受着疾病的困扰。1620年12月26日,在离开英国117天后,他们终于在美国东部的普利茅斯港口登陆。在他们历经千辛万苦到达美国之后,迎接他们的是非常严酷的寒冬。这时候因为粮食不足,很多人都丢了性命。在传染病流行的春天,又有四十四人离开了人世。

虽然到了春天,他们却没有一颗适合在新大陆播种的种子。他们从英国带来的种子,根本就无法在美洲大陆生长。这时候,当地的原住民印第安人找到了他们,并给他们带来了适宜在美洲大陆生长的作物种子,于是他们当年收获了玉米、南瓜、土豆等新鲜粮食。对此,身为清教徒的他们,因为收获了宝贵的粮食,心里十分感激上帝。他们邀请了印第安人,一起举行了宴席和仪式。这样的秋收感恩仪式流传至今,也就是美国感恩节的由来。

秋收感恩仪式中,当向上帝表达谢意的时候,他们站在荒芜的原野上面。虽然身处绝望的环境之中,但那时他们找到了值得感恩的事件,

不放弃

并进行了感恩的礼拜。这是感恩节的精神,也是使得美国得以建立的精神。怀着一颗感恩的心,无论在怎样的环境中,都可以发现事物好的一面,并对那些微小的恩惠,表达自己的感恩之情。下意识地去寻找那些值得感谢的事物,需要努力,更需要感恩的心。这是非常重要的。

以下是清教徒的七大感恩内容:

第一,虽然只有一艘一百八十吨的小船,但也要感谢上帝赐予了这艘船。

第二,虽然船仅以平均时速两米的速度航行,但也感谢上帝让他们顺利航行了一百一十七天。

第三,航海过程中虽然失去了两名伙伴,但是感谢上帝赐予了一名新生儿。

第四,虽然在航行途中遇到了暴风骤雨,但是感谢上帝让小船完好无损。

第五,虽然有几名女子被卷入了浪涛之中,但是感谢上帝最后让她们都安全得救。

第六,虽然因为印第安人的妨碍,没有找到登陆的地方,致使他们在大海中漂流了一个月。但结果还是因为善良的印第安人的帮助,他们成功上岸。感谢上帝。

第七,虽然经历了痛苦的三个半月的航行,但是在途中没有一名伙伴有过后悔之意。感谢上帝。

口足画家的感恩

（口足画家，是指使用口咬画笔或脚拿画笔方式创作的画家）

这是关于女画家琼妮·厄尔克森·多田（Joni Eareckson Tada）的故事。她是一位与众不同的画家，因为她不是用手作画，而是用自己的嘴。她17岁的时候，因为跳水运动中出现意外，造成了颈椎骨折。事故之后，她的身体就像一块木头似的僵硬了。对于平时喜欢网球、游泳和骑马的她来说，这是一个巨大的、令她痛苦至极的打击。因为身体的残疾，她不能再拿刀叉，也无法自己吃药。这样的情形之下，她变得易怒、暴躁，深受抑郁症和自杀念头的困扰。可是，她却是一个连自杀都没办法实现的残疾人。在这个世界上，她突然什么都做不了了。但是，后来她却成了用嘴作画的画家，并且出版了四十多本著作。这样的奇迹是如何发生的呢？

改变她人生的，是来自圣经中的一句话——对万事万物都要感恩。

当她阅读圣经的时候，看到了这句话，并且被这句话深深地打动了。于是她开始感恩。她开始坐着轮椅，离开房间，到外面的世界去。当她用感恩的眼光来重新打量这个世界时，她开启了自己人生的新篇章。怀着对万事万物的感恩之心，她努力运动，爱惜自己的身体。在人生已然如此的情况下，她仍然怀着感恩之心，没有半丝不平的情绪。看到她用心生活的样子，有同事问她：

不放弃

"在如此困难的环境之中，你靠什么保持了一颗感恩的心呢？"

她毫不犹豫地回答：

"长久以来，我所经受的这些，都是上天对我的考验，都是为了让我怀有一颗感恩的心。这些，都是自我反射作用的结果。"

为了能够在生活中发现那些值得感谢的事物，她对自己进行了训练，并因此燃起了活着的希望。即便坐在轮椅上的命运没有办法改变，但这已不再是让她觉得挫败的困扰。她努力成了画家、演说家，并为了全世界残疾人的人权而奔走。

在犹太人的智慧书《塔木德经》中，有这样一段话：

请记住"世界上最强大的人，是那些能够战胜自己的人。最富有的人，是那些懂得满足的人。最具智慧的人，是那些不断学习的人。最幸福的人，就是那些懂得感恩的人。"

成为什么样的人，在于你自己的选择。

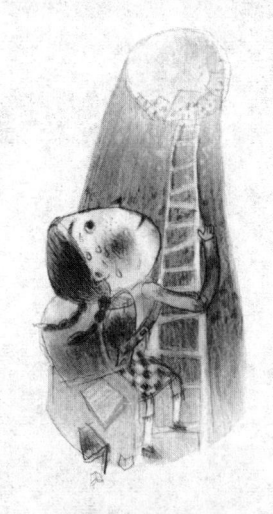

不 放 弃

Compassion
坚定自己的存在

Compassion
怜恤——以怜悯和慈悲的心，
助长出爱。

怜恤不是单纯的物质施与。

没有钱可以施与的时候,可以用暖心的话。

当没有钱,也无法言说的时候,还可以用眼泪。

——来自英国王室授予南丁格尔的勋章

爱，是让人改变的唯一方法

创造一个有价值的世界

怜恤是指以怜悯和慈悲的心，助长出爱。怜恤不仅仅是有一颗慈悲的心，而且需要付出具体的爱和行动。有一点值得我们注意，怜恤，虽然是从内心发出的怜悯和慈悲，但它绝对不是"同情"。那些拥有特权、条件优渥的人，他们带着优越感，居高临下地向别人伸出援手，也绝对不是"怜恤"。

真正的"怜恤"，是基于一颗有爱的心。以平等的姿态，走向那些需要帮助的人，并以自己温暖的内心，去拥抱他们。所以，那些有着怜恤之心的人，他们既有着温热的情义，也有悲喜的泪水，更有献身和奉献的精神。他们的人生，温暖了人心，传递着感动。

不 放 弃

怜悯，可以让他人变得幸福。因为怜悯不是我们自己吃好穿好就足够，而是要通过我们的生活，向别人传递生活的希望，引导他们的生活走向更幸福的明天。怜悯是用我们的生活来告诉他人，这个世界是充满温情的，是值得用心去体会的、有价值的世界，我们和他们在一起，可以相互依靠，并且向他们提供机会，使他们怀着梦想和希望，期待自己更美好的未来。

写到现在，之前写到的愿景、信念、忍耐、正直、肯定、热情、节制和感恩等这些品德，都是怜悯的支柱基础。没有怜悯的世界，是没有希望的世界。如果世界上所有人，都只一心想着自己的安乐，完成自己的梦想，眼里只有自己，那么这个世界会怎样呢？大概会发生一些我们不愿看到的事情。而直到现在，这个世界仍旧让我们觉得是值得活下去的、是有希望的，是因为在我们生活的世界，绝大多数人都拥有怜悯之心。

真爱的意义

怜悯，来自于有爱的心。当我们怜悯他人，伸出援手的时候，如果内心没有真正的爱，那样的帮助也只不过是装腔作势而已。那样的帮助，不仅不能帮助对方，反而更容易给对方的内心带来伤害。所以，要想在内心培养怜恤的种子，我们首先需要懂得什么是真正的爱。

美国精神科医生 M. 斯科特·派克（M.Scott Peck）博士，在其著作《少有人走的路》《还要走下去的路》中，对"爱"的定义是这样的：

爱，是为了帮助自我或他人的内心成长，扩展我们自身的一种意志，并且通过行为表现出来的爱。

爱能够让人成长。如果我们爱一个人，我们就要考虑，这份爱是否能够帮助对方或帮我们自己的内心成长。如果这份爱给对方带来的是负担，那么这份爱就不是真正的爱。爱应该是帮助我们成熟成长的才对。如果仅仅是内心有爱，而外在表现却是相反的行动，给对方带来不便，这也不是真正的爱。爱，不只是一种感觉，还应是帮助彼此成长的依靠和力量。如果我们爱我们的朋友，那么我们就应该去做一些有助于他成长的事情。我们不能嘴上口口声声宣示爱，却按照自己的方式帮助对方。这样的爱，有可能会给朋友带来伤害。

《东吉别为我哭泣》，南苏丹的温暖奇迹

2010 年，韩国有一部催人泪下的纪录电影，那就是《东吉别为我

不放弃

哭泣》。这部电影的主人公是已经逝去的李泰石神父，影片记录了他如何实践人间大爱的故事。而让他立志帮助那些非洲穷苦人民的，却是因为一部电影，一部关于达米安神父的电影。电影讲述了达米安神父给麻风病人传达爱的一生。李泰石神父在看电影的时候，就想，自己也要像达米安神父那样，向那些被隔离的麻风病人传达爱和帮助。从此，他立下了梦想。

李泰石神父去了遥远的非洲大陆——南苏丹。那是一片非常贫瘠的土地，在国际救护队员的眼中，那就是一片像人间地狱的不毛之地。尽管1956年独立，但是苏丹因为政治、宗教和石油，一直内战不断。走在路上冷不丁地遭遇战争，然后受伤死亡的事情，是常事。而疟疾和霍乱等传染病也在那里肆虐横行。恶劣的自然环境下的粮食短缺，以及战争，都一直困扰着当地的居民。因为苦难、疾病、战争，那里的人民对生活几乎只有绝望。但是，李泰石神父的到来，为他们带来了生活的希望。李神父成为治疗他们的伤痛、抚慰他们的内心、为他们带来生活的希望的唯一的人。

李神父在当地建造了温泉医院，开始了对他们的治疗。医院成立的消息一传出来，便一传十，十传百，甚至有很多人走几天路，赶来接受治疗。因为战争而受伤的人们，他们赶来时，是没有时间观念的。但是，无论多晚，只要有人敲医院的门，李神父都欣然迎接，从来没有皱眉或者拒绝。甚至，对于那些无法赶来医院的人，他还会亲自登门拜访。

李泰石神父为了救助那些被拉去当娃娃兵的孩子们，在当地建立了学校。因为他认为能够改变当地人命运的，只有教育。后来，他建造的这所学校，成了南苏丹最好的一所学校。学校的教育，给因为战乱、饥饿和痛苦而心怀憎恶的孩子们，带来了对未来的希望和梦想。同时他们还组建了一支由 35 名成员构成的乐队。乐队给大家的心灵带来了慰藉，治愈了他们内心的伤痛。那些曾经眼里只有自己的孩子们，通过乐队活动，懂得了互相帮助，学会了团队协作。

同时，李神父帮助麻风病人的理想，也得到了实现。麻风病，是一种连家人都会嫌弃的疾病。对于患上麻风病的人而言，他们几乎就是世界的弃儿。但是，李神父却直接和他们相处，倾听他们讲话，帮他们穿衣服，包扎绷带。他们没有合适的鞋子，只能赤脚行走。李神父就设计了专门的鞋子，并且制作出来，送给他们。这个世界虽然没有给那些麻风病人多少关心，但李神父的举动却带给他们无限的爱。李神父面前的他们，不是患者，而是一个个具有独立人格的个体。因此，他们将李泰石神父尊称为"永远的父亲"。

苏丹的孩子或年轻人，基本是不会哭的。即便肚子再疼，即便发烧

不放弃

烧到不省人事，他们也不会哭。因为战争、苦难和疾病，已经让他们的眼泪干涸了，他们也不再相信眼泪。但是，当他们看到李泰石神父离世后的容貌时，眼神变得空洞，泪水不断地涌了出来。当铜管乐队抱着李神父的遗照，在村里行进的时候，队伍的后面跟满了军人、麻风病人和小孩……东吉村的每一个居民都在为他送行。他们聚集在一起，充满哀思，送李泰石神父走完人世间的最后一程。

在这个偏远的非洲小山村——东吉，李泰石神父给他们带来了生的希望，也使他们的世界得到了改变。他们学会了阅读，学会了用书籍代替枪支，学会了演奏乐器，相亲相爱地生活。他们也找回了已经枯竭的眼泪。李泰石神父的事迹在韩国传开之后，引起了更多人对非洲大地的关注。与他人分享爱，一同协作的人也变得多了起来。曾经支援东吉的青年中，有几名到韩国学习了医疗技术。他们准备像李泰石神父那样，去帮助并救助那些苦难的非洲人民。

虽然李泰石神父的一生，只有短短的 48 年。但是他的生平事迹，就像火花一样，在无数人的心中，撒下了希望的种子。李神父对那些苦难且被隔离的人们充满的怜恤的爱意，对于他们贫瘠的内心而言，无疑就像一场甘霖，让他们重新燃起了对生活的希望。

爱，就是答案

韩飞野在地图之外的行军，也是因为怜恤之心，因为她对那些在灾难、苦难和战争中痛苦挣扎的人的关切之情。如果没有一颗怜恤的心，她无法走到那些陈尸遍野的地方，无法到达那些无人问津的地带，还有那些因为地震而荒凉的土地，甚至那些随时会因为失足而踏入雷区。在她自己的书《那个，就是爱啊》中，关于自己为什么做紧急救援成员的理由，她这样说道：

"通过做紧急救援成员，让我明白一点：上帝并不是为了治愈人们的痛苦，而派去了我们。我们有什么力量呢？怎么能够去治愈那些巨大的伤痛？我们只不过是和承受苦痛的人在一起，恐惧他们所恐惧的，感受他们所感受到的疼痛而已。即便我们曾经在偶尔的苦痛、怨言和悔意面前动摇过，我们能做的还是只有那些。"

全世（on nu ri）教会已故的河勇早牧师，在他的最后一本著作《感恩的晚餐》中，想要传递的也是爱的信息。关于爱，他一生是这么认为的：

"人们常常无法分辨，什么是自己想要的东西，什么是自己需要的东西。他们常常追求金钱，追求健康，追求名誉。但是我们所有人需要的，是爱。爱，是使人改变的，唯一的方法。不仅是小孩，世间

不放弃

万物，全人类都是期待得到爱的。所以，我们要去爱，直到世界的尽头。"

在贫瘠的土地上洒下甘霖，给遭遇挫折、灰心丧气的人带去希望，去陪伴那些被人忽视的孤独的内心，给那些被隔离和饱经苦难的人们带去希望的火种，让自身存在于这个世界上充满价值，充满希望、关怀和爱心。这些，都是从以爱为基石的怜恤开始的。

关怀，是让所有人都幸福的沟通方法

同感，就是关怀

关怀，就是指对自己或他人，以爱和关心来进行帮助、关照的行为。想要对他人表示爱和关心，需要我们细心的观察。因为我们要了解，什么才是对方真正需要的。这就是同感的能力。感受他人感受到的痛苦，站在他人的立场去思考问题。

有句话说，"去关爱你的邻居，就像爱你自己的身体一样"，也是差不多的意思。只有对街坊邻里都能真切关爱，就像呵护自己的身体一样，才算真正意义上的关怀。关怀，就是将那些被疏远的人的痛苦，当作自己的痛苦，将他们的苦恼，当作自己的苦恼。关爱邻里，感受他们的痛苦，一起分享生活的悲喜，就是关怀。不懂得关怀他人的人，只会

不放弃

成为狭隘的利己主义者和投机主义者。这样的人,无论在社会人际关系中,还是在团体生活中都是对自己无益的。

韩国足球永远的助攻后卫——韩国国奥队足球教练洪明宝,历年来致力于儿童公益事业,付出了很多人都无法想象的努力。为了帮助心脏病患儿,他主导进行了慈善足球活动,分享爱心,传达慈善。他认为,应该将自己接受到的来自社会的爱,再回报给社会上困难的人群。他说:

"身为受这个社会照耀和关爱的人,应该将这些关爱,传递给那些困难的社会群体。"他认为,在帮助社会弱势群体,关爱他们的过程中,自己的内心也会得到治愈。所以,最后关怀又回到了自己这里。

洪明宝教练一直教育青少年代表,要向那些帮助自己的人表达谢意。他在比赛前,和运动员必做一件事情——向坡州国家队训练中心的餐厅阿姨、保洁阿姨和大叔们,表达他们的谢意。这是为了教育国家队队员,要对那些默默地帮助自己的人表达谢意。以这样的礼节教育,来加强队员们的责任感。同时,通过关怀别人,也可以提高团队合作,增强球队竞争力。

关怀，是幸福的源泉

韩国安东尼株式会社的总裁——金元吉，是一位乐善好施的CEO。他是《穿上着火的皮鞋》一书的作者，并通过对皮鞋公司的经营，实现了帮助他人的生活理想。虽然他仅仅是中学学历，但是他的经营哲学，以及对社会的贡献和对职员的关爱，却一点都不输于那些大企业家。他的经营哲学是"不要让钱攒着睡觉"和"热心公益"。虽然他的公司只是中小企业，但是在社会贡献方面却付出了四亿五千万韩元之多。为何对社会贡献如此之多，他是这么说的：

"对于我们这样一个年销售额仅仅只有四百亿韩元的公司，四亿五千万的金额很明显是个大数目。但是，我们因此而获得的，却是它的几倍甚至还要多。当然，我所指的收获，并不是指金钱的收获。而是来自社会各界对我们企业的尊敬。这些肯定的声音，为我们公司内部营造出愉快的工作气氛。员工们因为在这样一个'贡献社会'的公司上班，产生了很强烈的自豪感，这就是幸福。因为付出，得到了尊敬。因为得到了尊敬，所以感受到了幸福。公司这种良好的办公氛围，支撑我们更加靠近成功。"

金元吉代表在贡献社会的同时，也致力于提高员工的福利条件。他切实地实践"让员工幸福"的宗旨，常常思考如何才能让员工及员工家属生活得更幸福。为了提升员工的幸福感,他曾亲自为员工做料理,并给员工提供高级运动健身卡,让员工在空闲时,享受骑马、滑雪、划船等活动项目。为了让公司成为员工幸福指数最高的模范,他一直在不懈努力。

富兰克林说过:"对待所有人都彬彬有礼、和蔼亲切的人,在这个世界上,不会有敌人。"俄国大文豪托尔斯泰也说过:"亲切,是让这个世界更美好和解决困难的秘诀。它能解开各种心结,并圆满地解决各种难题;也能让黯淡的前景,变得豁然开朗。"

一位教育学者的关怀

裴斯泰洛齐(Johann Heinrich Pestalozzi)是瑞士有名的教育学家和思想家。他的父亲是一名医生,经常为那些穷苦的人,提供免费治疗。裴斯泰洛齐看到那些贫苦的人,也思考自己今后要帮助他们,可自己能做什么呢?于是他和父亲进行了商议。当时,父亲对他说:

"裴斯泰洛齐啊!我想给所有的瑞士人民治病。可是,比起身体上的疾病,人们心理上的疾病是更亟须治疗的,这是非常重要的事情。你就努力去成为治疗他们心理疾病的人吧!"

父亲希望裴斯泰洛齐长大后，成为一名"治疗民众内心顽疾"的人。父亲的这句话，指引裴斯泰洛齐走上了教育家的路程。他不仅成为了一名教育家，而且和那些饥寒交迫的穷苦孩子们成了朋友。他的选择，就是因为父亲怜恤穷人、把一生奉献给穷人的事迹在他的内心留下了深深的烙印。

一天，裴斯泰洛齐走在路上，突然俯身去捡起什么东西，然后放入了自己的衣服口袋。一直在附近留意他的警察，向他发问了：

"喂！你刚才放进口袋里的是什么东西？在路上捡到东西是要交给警察的，知道吗？"

他答道："啊，我知道的。不过我捡的不是什么东西，没什么的。"

警察发问的时候，用怀疑的目光，死死地盯着他，可是他却面不改色地回答了警察的问话。

警察变得越发疑心，强制翻他的口袋。却只在他的口袋里翻到一个玻璃碴。

裴斯泰洛齐说："路上人来人往，如果有小孩子踩到这个碎碴子，就会受伤了。"

警察看到他如此有爱心，顿时惭愧地向他道歉。但还是心生疑惑，不由问道：

"不知道您是做什么的，怎么会注意到这个玻璃碴呢？"

他答道："我只是一个运营一家小小孤儿院的人。"

不放弃

因为父亲的缘故，裴斯泰洛齐继承了他父亲怜恤的美德，并成长为一个"治疗孩子们的内心"的人。他一生中建立了无数学校，给无数孩子送去了无数的关怀和爱意。他认为，真正的成功，是首先能够为别人着想。而他的一生，更是这样的想法的一个实践。只有别人活得更幸福，他才能感受到更多的幸福。

这，就是关怀。

谦逊，是一种放低姿态的幸福

谦逊，富兰克林的第十三条戒律

胸怀怜恤之心的人，不会向世人炫耀自己的业绩，也不会绞尽脑汁去表现自己多么高姿态，更不会故意给别人留下光辉的形象。尽管大多数人，都竭尽全力想要爬上高位，他们却宁愿低调地存在着。他们秉承"我们要默默地做事，哪怕右手做的事情，也不要让左手知道"的原则。他们低调地，默默地承担着自己应该担当的事情。他们胸怀怜恤之心，比起名誉和地位，他们更关心如何去配合需要帮助的人。他们都是谦逊的。

"兵强则灭，木强则折"，有时候柔反倒可以克刚。当台风来袭，电线杆和路边的树木，很容易被风刮折，甚至被连根拔起。但纤细的芦苇

不放弃

却不会因为强劲的风力而折断。我们的人生也一样。内心温和谦逊的人,有着成熟的人格。这样的人,不会为外在容貌所迷恋,也不会炫耀自我的业绩和成果。

不能做到温和谦逊,就很容易骄傲自满。因为总是想表现自己,所以也常常会出现问题。想要表现自己的人,往往会不顾对方的感受,甚至会给人带来伤害。其实,哪怕是塑造了完美人格的本杰明·富兰克林,他最初也并不是完美的。他的十三条道德戒律,最开始也没有十三条之多。

最开始,他为了养成前十二条美德,使之成为习惯,努力训练自己。因为那些品性并非是自己本身的性格,所以之前他也曾做过一些伤害别人的事情。尤其在与别人讨论的时候,这样的情况更时常发生。他喜欢针对一些主题,和别人进行讨论。而在讨论中,他喜欢炫耀自己的能力,所以总希望可以占得上风。通过这些事情,他开始反省自己曾经给别人带来的伤害。于是,他在道德戒律清单里面,重新追加了一条。那就是道德戒律的第十三条——谦逊的美德。

关于谦逊的品德被加入道德清单,还有一段小故事。

一天,富兰克林去拜访一位前辈。他直接推开门,往里走,结果头被狠狠地撞了一下。原来,这位前辈家的门,比普通的门小得多。当时，看着被撞得龇牙咧嘴的他，那位前辈说：

"现在这扇小小的门，是你接收到的最棒的礼物吧！'活在这个世界上，要懂得适时低头。只有这样，才不会被撞得鼻青脸肿。'这句话你一定要铭记在心啊！"

前辈的话，成了富兰克林人生中一次最有力的鞭策。他常常想起当初被撞头的事情，以此来提醒自己要勤于自省。

为了让信奉异端、生活放荡的儿子重新回到正途，奥古斯丁的母亲终日为之祈祷。最后，他重归正途，写下《忏悔录》，成为古罗马的圣人。他说："人生的第一美德，是谦逊。第二美德，也是谦逊。第三美德，还是谦逊。"这也是因为，他醒悟到，只有谦逊，才是可以帮助那些被疏远的贫苦人群的唯一途径。

穷人的母亲——特蕾莎修女

被称为"穷人的母亲"的特蕾莎修女（Mother Teresa），一生都在最艰苦的环境里，为穷人和病痛者服务和奉献。她在1948年成立了"仁爱传教会"，收留了那些无家可归、食不果腹的流浪者。同时收养了那些被抛弃的孩子，并给他们提供了接受教育的机会。为了治疗麻风病人

不放弃

及艾滋病人，她为他们建造了住所，并一生都致力于改善他们的医疗状况。关于"贫穷的人是谁"，以及"最可怕的罪恶是什么"，特蕾莎修女这样说：

"今天，最可怕的疾病，并不是麻风病和结核。而是被迫放弃自己的绝望感，是被这世界隔离的冷漠感，以及被所有人抛弃的孤独感。最可怕的罪恶，是缺少爱和慈悲的心，是剥削和腐败，是对那些因为贫穷和疾病而流落街头的身边人的漠视。"

大家知道爱的反义词是什么吗？有人肯定会认为，爱的反义词是恨。但是，爱真正的反义词，不是恨，是冷漠。如特蕾莎修女所说，冷漠是世界上最可怕的罪恶。为了让心中多一点爱意，我们需要多关心我们周围的人。她在访问韩国的时候，在西江大学演讲时说道：

"食不果腹，并不仅仅指没有食物那么简单。衣不蔽体，也并非仅仅是没有衣服穿的意思。而是指爱心的缺失，指人性尊严被剥夺的状态。是意味着，温饱竟然成了生活在现代的我们所要担心的重要事情。"

她的每一字每一句，都饱含对穷苦人民的爱意，都洋溢着她内心温暖的情谊。

"如果你没有救济一百名饥民的能力，那么，哪怕你帮助一个人，也是好的。"

"捐款，并不是慈善的最终目的。因为人们需要的不是金钱那么简单，他们最需要的是一颗真挚的爱心。"

"也许有时候，我们觉得自己所做的事情，不过像汪洋大海里的一滴水那么渺小，没什么了不起。但是，当这一滴水的力量消失了，大海的体积也会跟着缩小一滴水的大小。"

特蕾莎修女在美国旅行的时候发生了一件这样的事情。一名女性找到了特蕾莎修女，她说自己患有严重的抑郁症，还说：

"修女，我不知道自己活着的意义是什么。我对人生没有任何期待，怎么办？我也希望活得像别人那样幸福。"

特蕾莎修女静静地听完了她的诉说，对她说：

"来印度吧。我会教你变幸福的方法。"

听了特蕾莎修女的话，那名女性没有丝毫犹豫，开始了自己的印度之行。她飞到印度，去了修女的家。在等候特蕾莎修女的时候，她看到了那些正在进行志愿奉献的人。当时正好志愿者人手不够，她在旁边看着也不好意思袖手旁观，于是加入了队伍忙得满头大汗。她一边帮助志愿者，一边等待修女回来。忙碌起来时光飞逝，很快几天就过去了。一天，她终于再次见到了特蕾莎修女。修女重新问她：

"现在你什么感觉？还觉得日子一天天很难熬吗？"

"不是的，我现在好像明白了什么是幸福。在这里，我发现了幸福。"

她回答的声音带着些许兴奋的颤抖,曾经暗沉的脸上,绽放着明媚的笑容。她通过志愿奉献活动,重新找到了生命的意义,也重新明白了幸福的真谛。曾经那个因为抑郁症的困扰而觉得无药可救的她,已然消失不见了。

特蕾莎效应

1998年,美国哈佛大学的医科大学生们,发布了"特蕾莎效应"这一令人振奋的实验结果。他们将一群学生分为两组,一组从事有报酬的劳动,另一组从事没有酬劳的志愿奉献活动。劳动结束之后,研究者针对学生体内免疫机能的变化,进行了检测。检测结果发现,从事志愿奉献活动的学生体内,出现了抵抗病菌的抗生体。所以,相较于另一组学生,他们的免疫机能也变得更好。

实验发展到下一个阶段后,他们开始让研究对象阅读特蕾莎传记,观看特蕾莎修女从事奉献活动的影像。然后他们又对研究对象进行了检测,发现了更惊人的效果。研究对象只读一下特蕾莎的传记或只是观看其影像,体内的免疫机能就得到了大大提高。通过这一系列的实验,研究者发现,即便仅想象一下别人做公益的样子,我们体内的免疫机能也能大大提升,抗病毒的能力也得到增强。于是,这种效应被命名为"特蕾莎效应"。意思是指，即便我们只是看到别人为社会和他人做贡献，我们的内心也会感受到幸福。

最近，为了入学考试，或为了就业，大家都在热情高涨地准备简历资料。其实，社会公益活动相关的经历，也是简历中不可或缺的内容。因为学校和企业，能够通过我们参加公益活动的经历，来考察我们是否拥有一个健全的人格。同时，公益活动，是帮助我们了解社会、培养团体意识和社会参与的桥梁，是形成民主市民责任感所必需的品德。但当我们仔细观察社会上某些公益活动的内容时，却发现它们和公益本身的宗旨并不相符。很多人都已将它作为实现个人目的的途径，借以利用。本来，公益需要我们自发地向需要帮助的人们伸出援手，帮助他们实现自我成长。但实际上，并非如此。

想要开展真正的公益奉献活动，我们一定要有怜悯之心。以真诚的心，帮助对方成长，这样才是真正的怜悯。爱心和奉献，不是一次性的，我们只有持续地奉献，才会体会到真正的幸福的意义。

Compassion
坚定自己的存在

因分享而收获的喜悦，让人上瘾

张启吕博士的分享

我们所处的时代，是一个相比语言更需要实践的时代。帮助贫穷的人，爱护那些被周围人抛弃的人，分享我们的物质，并不是仅仅需要语言那么简单，而是需要用行动去实践。心怀美好的愿望，并不是尽头，应该将心中的想法付诸实践。真正的幸福，不存在于"接受"，而在于"分享"。那些亲身实践过分享的人，常常说自己分享上瘾了。因为在分享的过程中，人们常常会感受到幸福。所以，一旦开始一次分享，就会有两次三次的反复付出。这种幸福的分享，不知不觉就会让人上瘾了。

被称为"韩国施韦泽""活圣人"的张启吕博士，就以他的一生实践了爱和分享。李光洙（号春园）的小说《爱》的主人公——安贫的原型，就是张启吕博士。李光洙曾经对张启吕博士说："如果你不是圣人的话，那你一定是傻子。"这句话被传为佳话，十分有名。因为张启吕博士就如李光洙所说，对金钱名利及出人头地这些世俗之利，毫无兴趣。

张启吕博士立志成为医生时，就下定决心："一生都要为穷人奉献，不能让他们一辈子都看不起病，最后只能委屈死去。"他的一生，都在实践着他当初的誓言。

在6.25战争时期，他在釜山设立了福音医院（即釜山高神医疗院的前身）。当时，他的医院有一半都是针对穷人的免费治疗。对那些穷困潦倒、没有医疗费的患者，他晚上悄悄打开医院的后门，把他们直接送回家的情况也很多。当他听说那些付不起医药费的人在医院做零工来抵销费用时，就把自己节余的工资全都帮他们付了医药费。在节日的时候，对于那些找上门来的亲戚和弟子，他给的钱从不超过一千元韩币。但是对于上门乞讨的乞丐，他常常给出十万元的大钞。

张启吕博士一生清贫，不曾购置房产，也未曾保留财产。1975年正常退休以后，他在高神医疗院屋顶上建造了一个小屋，仅仅8平米，他就在那度过了自己的余生。他人生的目的不是为了拥有，而是为了分享和付出。那些在战争中饱受痛苦的人，以及那些无钱求医的人，因为张启吕博士重新找回了生的希望。这就是张启吕博士分享的一生所带来的价值。

请制订人生的分享计划

日本软银（Soft Bank）的会长孙正义，因为明确自己的人生梦想和愿景，获得了成功。他在十九岁的时候，绘制了自己"人生五十年"的宏伟蓝图：

"不论发生什么事情，我一定要在二十多岁的时候，创立自己的事业，并且扬名世界。在三十多岁的时候，一定要积累到至少 1000 亿日元的运营资金。在四十多岁的时候，一定要将事业发展壮大，走出日本，立足世界。五十多岁的时候，将事业模型完善。在六十多岁的时候，将事业交接给下一任继承者。"

这个在他十九岁时勾勒的梦想蓝图，如今已成为了现实。他在 2011 年的时候，通过"新 30 年愿景说明会"，发布了新的梦想和愿景目标。在愿景发布式上，他宣布了一个充分体现了软银公司存在价值的愿景，非常振奋人心。

"软银公司，从创立之初，就帮助人们更好地利用信息，那是它存在的价值。而三十年后，因为信息革命，我们则以让人们的生活更幸福为奋斗目标。"

他经营企业的目的，是为了让人生活得更加幸福。他的这个人生目标，在 2011 年日本大地震的时候，焕发出了耀眼的光芒。在数以万计的人们因灾罹难、无家可归的时候，他用实际行动与世人分享。他慷慨解囊，捐助了足足 100 亿日元。甚至，他决定捐献出自己今后的工资。曾经，在他的名字前面，往往都会有一个定语，那就是"成功企业家"。然而现在，人们更愿意将他称为"热心的分享家"。他的分享，给那些流离失所、失去家人的人，带来了生活的新希望。

分享，是实现幸福人生的捷径

洛克菲勒（Rockefeller），被认为是有史以来最富有的人。虽然他拥有惊人的财富，但在他 55 岁的时候，被确诊患了不治之症，活不过一年。为了接受最后的诊疗，他乘坐轮椅，到了医院。在医院的入门处，他发现了一个小小的牌匾。牌匾上面的题字写着：

施比受更幸福

在看到这句话的瞬间，他的整个身体微微颤栗。在他之前的人生

不放弃

中，他从来没有想过要去帮助别人。但是，在面临死亡的时候，他开始思考施比受更幸福的道理。这时，医院的挂号窗口传来了一阵嘈杂声。即便在外面，他也能看清那是一位潦倒的母亲，正在苦苦哀求医院救治自己的女儿。打听了一下事由，原来那位母亲已经付不起任何医药费。医院因为知道她付不起医药费，拒绝收治她的女儿。于是那位母亲便在医院门口，苦苦哀求。看到这番场景的洛克菲勒，一下子想起来刚才看到的那句题字，于是通知秘书，悄悄地帮那位母亲支付了医药费。

后来，那位母亲的女儿得救了。洛克菲勒知道这个消息的时候，说道：

"我活到现在，却不曾体会过现在这般幸福。"

从那时开始，洛克菲勒就决定要热心公益，奉献社会，并且付诸了行动。这就是当今的洛克菲勒财团存在的背景。当时被诊断活不过一年的他，竟然不治而愈，一直健康地活到了98岁高龄。他的分享和慈善精神，也被子孙后代流传至今。

他说："我前半生的55年都在追逐，后半生的43年里我才是幸福地活着的。"分享的一生，就是幸福的一生。我们的社会，也在逐渐形成分享的文化。金长勋、SEAN（卢胜焕）、金制东等艺人发起的慈善活动，也吸引了很多人的参与。当今很多企业，也在致力于公益活动和奉献的文化。曾经被人们用来给自己贴金的分享文化，现在更是发展成了社会责任的概念。这样的变化更让人明白，如果不能一起建造不断发展的世界，将不会得到社会的尊敬，也不会获得成功。

实践分享文化的人，将会得到社会的尊敬。他们的人生，将会给别人带来极大的影响。因为他们，越来越多的人重新找回了生活的希望。而这样的社会，未来是充满希望的。互相尊重，相亲相爱的生活，将会使大家都得到幸福。

很多人都在憧憬着成功的人生，但是却不知道真正的成功是什么。在此，笔者想要引用爱默生的诗——《何谓成功》：

> 无论何物，他的存在
> 都是为了让世界比之前更美好
> 因为自己曾在这里存在
> 能够让别人——哪怕仅仅一个人，变得幸福
> 那就是真正的成功

真正的成功，是指因为自己的存在，能够让别人变得更幸福。指因为自己的存在能够让世界更美好，哪怕是一点点的改变。哪怕仅仅是让一个人变得更幸福一点，也算是成功的人生。这首诗传达了分享的意义。只有通过分享，才能让生活变得更美好，才能让这个世界变得温情

不放弃

而动人。有着怜恤之心的人，必然会去实践分享。因为他们的存在，我们的社会变得充满希望。不要忘记，那样的人生才是真正成功且幸福的一生。那样的人生，才是人生愿景得以充分实现的人生。

EPILOGUE 后记

从最基本的做起，并坚持不懈

农夫为了收获丰硕的果实，撒下了种子。为了让种子生根发芽，茁壮成长，他不断施肥、除草、分枝，精心为之操劳。为了种子能够良好生长，他竭尽全力提供最佳的生长环境。然后就喜悦地等待收获的季节。在这个过程中，不论面临怎样的困难，都绝不能放弃。这是农夫在播种时，必须持有的态度。

想要实现成功的人生，我们必须在内心的沃土上播下正能量的种子。在内心播下种子，才会对接下来的人生有所期待。日晒雨淋或自然灾害，是我们不能抗拒的因素。但是我们可以做到的，是在心里播下种子，并用心去守护和培育。我们要为种子提供良好的生长环境，无论遇到怎样的困难和考验，我们在内心种下的种子都在不断地生长。我们一定要牢记：只要我们不将内心的种子拔除，有朝一日，它必将开出美丽的花朵，结出丰硕的果实。

不放弃

现在的年轻人，生活并不容易。在社会竞争处于白热化阶段的时代，即便拥有再优秀的简历，可能还是会惴惴不安。求职的过程充满艰辛，而在职场中想要站稳脚跟也非常不易。以至于有这样的安慰："因为痛，所以叫青春（韩国畅销书籍名）"。虽然所有人都梦想着成功的人生且努力生活着，但其中的大多数将庸碌一生，这也是现实。有些人虽然达到了想要的目标，却可能是通过不道德的言行达到的。有些人虽然设定了具体的人生目标，却在现实面前迟滞不前。

对于成功的人生，人们总是想到宏大的准备清单。但是，事实并不是那样的。相反，成功人生的实现方法，十分简单。那就是从最基本的做起，并坚持不懈。

此书或有许多不足，但还是希望年轻人能够通过它，在自己的内心播下成功的种子，并且用心守护，最终结出丰硕的人生果实。

在此，要感谢我的妻子，谢谢她和我一起努力，促成此书的出版。在我精疲力尽的时候，是她让我重新找回了勇气，并得以将稿子完成。还要感谢我的三个儿子——韩洁、恩洁、成洁。不论何时，他们都是我内心力量的源泉。在此更要特别感谢李永民编辑和京乡媒体（Kyunghyang Media）全体工作人员，谢谢他们让我这部稿子得以与世人见面。最后，必须要感谢上帝，感谢他一直与我们同在。

APPENDIX 附录

让内心充满希望的种子 Daily Plan

让内心充满这样的九大品德，我们需要多久呢？如果想要在内心播下希望的种子，那我们就要养成习惯，努力训练自我。每天用文字记录，用嘴宣读，将会收到更好的效果。这样持续地向身体和大脑发送信号，就会自然地形成习惯。

请牢记以下九大品德的定义，并且制作自己的 Daily Plan 吧！

愿景 _ 指人们用自己规划人生目标的能力，在内心生动地勾勒的关于未来的场景。

信念 _ 坚信自己一定可以实现自己树立的目标，从不疑惑、从不动摇的心。

热情 _ 为了实现自我目标，坚定自己的信念，并热衷一生的姿态。

忍耐 _ 在目标实现之前，不放弃、忍受并且等待。

肯定 _ 无论在怎样的环境中，都能坚持最有希望的、肯定的、正面的

不放弃

  想法、语言和行动。

正直＿无论在何种环境下，正确地行动和表现，绝不作假，并由此得到信任。

节制＿不要被欲望驱使去做那些妨碍自己实现人生目标的事情，一定要去做自己应该做的事。

感恩＿不论在怎样的环境之下，都要去找到事物好的一面，并且对于自己所得到的惠泽，都报以感谢的话语和行动。

怜恤＿以怜悯和慈悲的心，助长出爱。

  对于"如何形成习惯"，伦敦大学的费莉帕·勒理（Phillippa lally）教授在实际生活中的一个习惯养成模型试验中，告诉了我们答案。他认为，我们培养一个习惯，普通需要 66 天。请通过以下的"让内心充满希望的种子 Daily Plan"，每天不要间断，坚持反复实践吧！

Daily Plan

我的愿景：　　　　　　　　　　　　　　　　　　　　年　　月　　日

	实践品德	是否实践
愿景	为了实现愿景，今天的实践目标是什么？	
信念	对自己说一句关于信念和肯定的话！ （使之成为给自己力量的座右铭）	
热情	今天对什么事情付出了热情？	
怜悯	今天是仁爱、分享和付出的一天吗？	
忍耐	为了得到想要的结果，所忍耐的事情是什么？	
肯定	今天一天在思想、语言及行动方面表现得积极肯定吗？	
正直	今天是否过得正直？是否遵守道德？具体写一下。	
节制	**内容** / **达成目标** 智能手机 / 除了电话和重要的内容之外，绝对不要碰 	

今天的感谢

回忆下今天的生活，写下值得感谢的内容。哪怕是很微小的事情，也一定要写下五点。

不放弃

ANNOTATION 注释

第1章
[1] 威廉·杰斐逊·克林顿,《我的生活》
[2] 威廉·杰斐逊·克林顿,《我的生活》
[3] 卡森(Claiborne Carson),《马丁·路德·金自传,我有一个梦想》

第2章
[1] 安哲洙,《CEO 安哲洙,现在我们需要的东西》

第6章
[1] 郑跃荣,《流放地书信集》
[2] EBS 孩子们的私生活制作 Team,《孩子们的私生活》